建筑工人（安装）技能

电 焊 工

本书编委会 编

中国建筑工业出版社

图书在版编目（CIP）数据

电焊工/《电焊工》编委会编. —北京：中国建筑工
业出版社，2017.8
建筑工人（安装）技能培训教程
ISBN 978-7-112-20897-5

Ⅰ.①电… Ⅱ.①电… Ⅲ.①电焊-技术培训-教
材 Ⅳ.①TG443

中国版本图书馆 CIP 数据核字（2017）第 145253 号

本书包括：焊接准备、焊条电弧焊、埋弧焊、手工钨极氩弧焊、熔化极气体保护焊、气焊（割）、等离子切割及碳弧气刨、常用金属材料的焊接、焊接接头质量控制、焊后检查及焊接返修等内容。

本书可供电焊工现场查阅或上岗培训使用，也可作为现场编制施工组织设计和施工技术交底的蓝本，为工程设计及生产技术管理人员提供帮助，也可以作为大专院校相关专业师生的参考读物。

责任编辑：张　磊
责任校对：焦　乐

建筑工人（安装）技能培训教程
电　焊　工
本书编委会　编

*

中国建筑工业出版社出版、发行（北京海淀三里河路 9 号）
各地新华书店、建筑书店经销
霸州市顺浩图文科技发展有限公司制版
环球东方（北京）印务有限公司印刷

*

开本：850×1168 毫米　1/32　印张：5¾　字数：152 千字
2017 年 10 月第一版　　2017 年 10 月第一次印刷
定价：**16.00** 元
ISBN 978-7-112-20897-5
（30522）

本书编委会

主编：姜学成　　王景文

编委：姜宇峰　　齐兆武　　王　彬　　王继红　　王立春

　　　王景怀　　张会宾　　周丽丽　　祝海龙　　祝教纯

前　言

随着社会的发展、科技的进步、人员构成的变化、产业结构的调整以及社会分工的细化，工程建设新技术、新工艺、新材料、新设备，不断应用于实际工程中，我国先后对建筑材料、建筑结构设计、建筑施工技术、建筑施工质量验收等标准进行了全面的修订，并陆续颁布实施。

在改革开放的新阶段，国家倡导"城镇化"的进程方兴未艾，大批的新生力量不断加入工程建设领域。目前，我国建筑业从业人员多达4100万，其中有素质、有技能的操作人员比例很低，为了全面提高技术工人的职业能力，完善自身知识结构，熟练掌握新技能，适应新形势、解决新问题，2016年10月1日实施的行业标准《建筑工程安装职业技能标准》JGJ/T 306—2016对电焊工的职业技能提出了新的目标、新的要求。

熟悉和掌握电焊工的基本操作技能，成为从业人员上岗培训或自主学习的迫切需求。活跃在施工现场一线的技术工人，有干劲、有热情、缺知识、缺技能，其专业素质、岗位技能水平的高低，直接影响工程项目的质量、工期、成本、安全等各个环节，为了使电焊工能在短时间内学到并掌握所需的岗位技能，我们组织编写了本书。

限于学识和实践经验，加之时间仓促，书中如有疏漏、不妥之处，恳请读者批评指正。

目　　录

1 焊 接 准 备

1.1 焊接母材及焊接材料

1.1.1 焊接母材

（1）钢材材质必须符合设计选用标准的规定，并应具有钢材生产单位的钢材质量证明书或检验报告；其化学成分、力学性能和其他质量要求必须符合国家现行标准规定。

（2）进口钢材必须符合设计文件规定的技术条件。首次使用的钢材应收集焊接性资料和焊接、焊接热处理以及其他热加工方法的指导性工艺技术要求，按照有关标准评定确认焊接工艺。

（3）承压设备制造安装单位从非材料生产单位获得材料时，应同时取得材料质量证明书原件或加盖供材单位检验公章和经办人章的有效复印件。

（4）母材上待焊接的表面和两侧应均匀、光洁，且应无毛刺、裂纹和其他对焊缝质量有不利影响的缺陷。待焊接的表面及距焊缝坡口边缘位置 30mm 范围内不得有影响正常焊接和焊缝质量的氧化皮、锈蚀、油脂、水等杂质。

（5）焊接接头坡口的加工或缺陷的清除可采用机加工、热切割、碳弧气刨、铲凿或打磨等方法。

（6）采用热切割方法加工的坡口表面，钢材厚度不大于 100mm 时，割纹深度不应大于 0.2mm；钢材厚度大于 100mm 时，割纹深度不应大于 0.3mm。割纹深度超过以上数值的，以及坡口表面上的缺口和凹槽，应采用机械加工或打磨清除。

（7）母材坡口表面切割缺陷需要进行焊接修补时，应制订修补焊接工艺，并应记录存档；调质钢及承受动荷载需经疲劳验算的结构，母材坡口表面切割缺陷的修补还应报监理工程师批准后方可进行。

（8）钢材轧制缺欠（图1-1）的检测和修复应符合下列要求：

1）焊接坡口边缘上钢材的夹层缺欠长度超过25mm时，应采用无损检测方法检测其深度。当缺欠深度不大于6mm时，应用机械方法清除；当缺欠深度大于6mm且不超过25mm时，应用机械方法清除后焊接修补填满；当缺欠深度大于25mm时，应采用超声波测定其尺寸，如果单个缺欠面积（$a \times d$）或聚集缺欠的总面积不超过被切割钢材总面积（$B \times L$）的4%时为合格，否则不应使用。

2）钢材内部的夹层，其尺寸不超过1）且位置离母材坡口表面距离b不小于25mm时不需要修补；距离b小于25mm时应进行焊接修补。

3）夹层是裂纹时，裂纹长度a和深度d均不大于50mm时应进行焊接修补；裂纹深度d大于50mm或累计长度超过板宽的20%时不应使用。

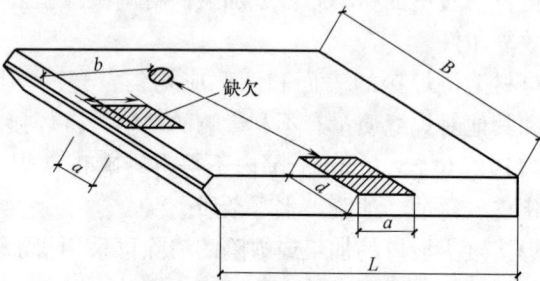

图1-1　钢材轧制缺欠

1.1.2　焊接材料选用的基本原则

（1）焊接材料应根据钢材的化学成分、力学性能、使用工况条件和焊接工艺评定的结果为选用的首要原则。

（2）同种钢材焊接时焊接材料的选用应符合以下原则：

1）焊缝金属的化学成分和力学性能应与母材相当。

2）对焊接要求等强度的钢结构（如碳素钢、低合金钢等），所选用焊条熔敷金属的抗拉强度与被焊母材金属抗拉强度相等或相近。

3）对焊接要求等成分或化学成分相近的焊接接头（如不锈钢、耐热钢等），应选用熔敷金属的化学成分接近母材金属的焊条。

4）焊接工艺性能良好。

5）焊接材料用于重要部件焊接时，应采用低氢型焊条；若存放期超过一年时，如对其质量产生怀疑，应重新做出鉴定，符合质量要求时方可使用。

（3）异种钢材焊接时，焊接材料的选用应符合以下原则：

1）在焊接接头不产生裂纹等缺陷的前提下，若焊缝金属的强度和塑性不能兼顾时，则选择塑性和韧性较好的焊接材料。

2）焊缝金属性能只需符合两种母材中的一种，即可认为满足使用技术需要（一般情况下使熔敷金属力学性能及其他性能不低于母材较低一侧的指标），在某些情况下还应从焊接工艺性能方面考虑（如抗裂性等）。

3）如果不能进行预热和焊后热处理时，可选用含镍量较高的奥氏体不锈钢焊条，以提高焊缝金属的塑性和韧性，防止冷裂纹和满足力学性能的要求。

4）在焊接化学成分、力学性能及金相组织等都存在很大差异的异种钢时，为保证焊接质量，选用焊条时必须考虑接头的使用要求，母材对焊缝金属的稀释、碳迁移、残余应力及抗热裂纹等问题。

1.2　坡口制备及清理

1.2.1　坡口的形式

坡口的形式是根据设计或工艺需要，在焊件的待焊部位加工并装配成一定几何形状的沟槽，焊件开坡口形式，主要是为了保证焊接接头的质量和施焊方便，使焊缝根部焊透等，同时调节母材与填充金属的比例等。

坡口的形式主要取决于焊接方法、焊接位置、焊件厚度、焊缝熔透及经济合理性等因素的要求。常用的坡口形式有 I 形、V 形、双 V 形、U 形、K 形和 X 形等。坡口尺寸及符号如图 1-2 所示。当对接接头板厚为 1～6mm 时，用 I 形坡口采用单面焊或双面并能保证焊透；当对接接头板厚大于或等于 3mm 时，为了保证焊缝的有效厚度或焊透，改善焊缝成形，可将被焊部位加工成 V 形、Y 形、双 V 形及 U 形、K 形、X 形等各种形状的坡口。

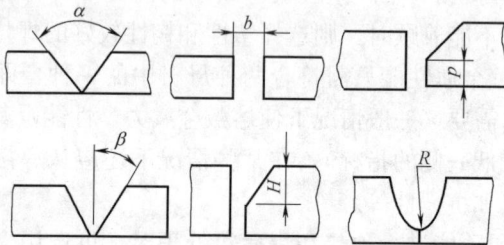

图 1-2 坡口尺寸及符号

α—坡口角度；b—根部间隙；p—钝边；
β—坡口面角度；H—坡口深度；R—根部半径

在常用的坡口形式中，当板厚相同时，双面坡口比单面坡口、U 形坡口比 V 形坡口焊接材料消耗少、焊接变形也小。随着板厚的增大，上述优点更加突出，但是，U 形坡口较难加工，坡口的加工费用也大，所以，只用于重要的焊接构件上使用。

1.2.2　坡口的成形加工

坡口成形加工方法的选用，根据钢板厚度及焊接接头形式而定的。

焊件下料与坡口制备宜采用机械加工的方法，坡口表面不得有裂纹、分层、夹渣等缺陷。焊件的切割和坡口加工应注意以下几点。

（1）碳钢及碳锰钢坡口加工可采用机械方法或火焰切割方法。

（2）低温镍钢和合金钢坡口加工宜采用机械加工方法。

（3）不锈钢坡口加工应采用机械加工或等离子切割方法。

（4）采用等离子弧、氧乙炔焰等热加工方法加工坡口后，应除去坡口表面的氧化皮、熔渣及影响接头质量的表面层，并应将凹凸不平处打磨平整。

（5）不锈钢复合钢的切割和坡口加工宜采用机械加工法。若用热加工方法时，宜采用等离子切割方法。热加工切割和加工坡口时的熔渣不得溅落在复层表面上。

1. 剪切

不开坡口的钢板可用剪切机进行加工。此法生产率很高，加工方便，加工后的坡口能合乎焊接的要求，但不能剪切厚钢板，同时不能加工有角度的坡口。

2. 火焰切割

火焰切割能切割直线各种角度以及曲线形状的板材，此法更适用于厚钢板的切割，生产率很高。火焰切割有手工、自动和半自动 3 种方法。手工切割一般用于较薄或较小的板材加工，大量的切割工作则用自动和半自动切割机完成。为了提高切割效率，在半自动切割机上可装置两把或 3 把割炬，进行 V 形或 X 形坡口的一次切割，在自动切割机上可装置 2～10 把割炬切割。

3. 刨削

利用刨边机刨削，能加工任何复杂形状坡口，加工后的坡口较平直，适用于自动焊的焊件边缘加工。这种方法进行不开坡口边缘加工时，可一次刨削成叠钢板，目前大型船厂采用较普遍。

4. 碳弧气刨

碳弧气刨主要用于对接接头多层焊的正面和封底焊时气刨坡

口。此法具有效率高、劳动强度低以及适用于全位置厚板的坡口准备等优点，碳弧气刨有手工、半自动和自动3种方法。

1.2.3　坡口的清理

焊接前，焊件坡口的清理工作，对于电弧稳定燃烧及保证焊接质量的影响很大。若焊件坡口上有铁锈、油脂、油漆、水分以及其他污物时，应该停止焊接，并采取措施加以消除，否则会导致焊缝产生气孔、夹渣以及未焊透等缺陷。

通常采用风动钢丝刷和砂轮、尖头榔头以及气焊火焰等工具来清理。

1.3　焊件组对和定位焊

1.3.1　焊口的组对

（1）焊件组对前及焊接前，应将坡口及内外侧表面不小于20mm范围内的杂质、污物、毛刺和镀锌层等清理干净，并不得有裂纹、夹层等缺陷。

（2）应避免钢板表面的机械损伤，对于尖锐伤痕及不锈钢防腐表面的局部伤痕、刻槽等缺陷应予修磨，修磨范围的斜度至少为1∶3。修磨的深度应不大于该部位钢材厚度负偏差的5%，且不大于2mm，否则应予焊补。除设计规定需进行冷拉伸或冷压缩的管道外，焊件不得进行强制组对。

（3）当焊件组对的局部间隙过大时，应修整到规定尺寸，并不得在间隙内添加填塞物。

（4）复合钢板组对时，应以复层表面为基准，错边量不应超过钢板复层厚度的50%，且不应大于1.0mm。对复合板的成型件，其修磨深度不得大于复层厚度的30%，且不得大于1.0mm，否则应予补焊。

（5）除设计规定需进行冷拉伸或冷压缩的管道外，焊件不得进行强行组对。管子或管件对接焊缝组对时，内壁错边量不应超过母材厚度的10%，且不应大于2mm。

（6）不等厚对接焊件组对时，薄件端面应位于厚件端面之内，当内壁错边量超过规范要求或外壁错边量大于3mm时，应按图1-3所示进行加工修整。

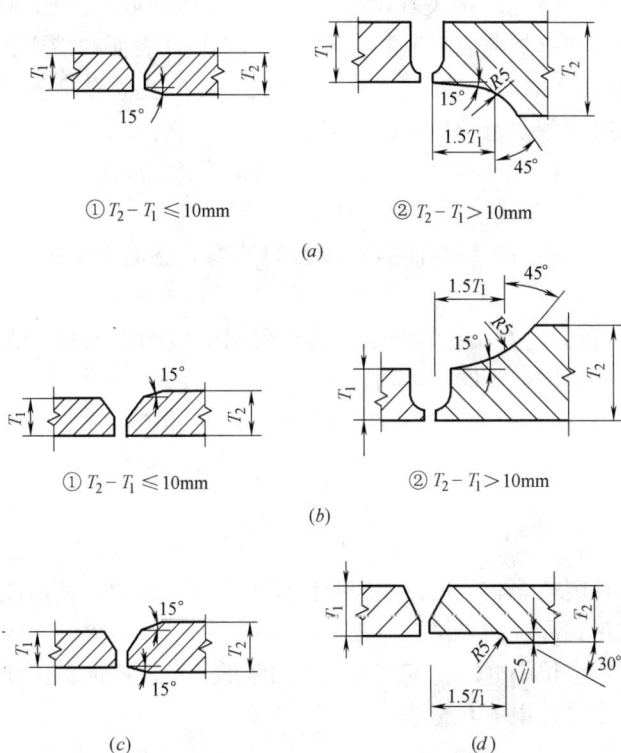

① $T_2 - T_1 \leqslant 10mm$ ② $T_2 - T_1 > 10mm$

(a)

① $T_2 - T_1 \leqslant 10mm$ ② $T_2 - T_1 > 10mm$

(b)

(c)   (d)

图 1-3 不等厚对接焊件坡口加工

（a）内壁尺寸不相等；（b）外壁尺寸不相等；

（c）内外壁尺寸均不相等；（d）内壁尺寸不相等的削薄

T_1——不等厚焊件接头的薄件母材厚度；

T_2——不等厚焊件接头的厚件母材厚度。

注：用于管件时，如受长度条件限制，图（a）①、图（b）

①和图（c）中的15°角可改用30°角

7

（7）采用角焊缝及部分焊透焊缝连接的 T 形接头，两部件应密贴，根部间隙不应超过 5mm；当间隙超过 5mm 时，应在待焊板端表面堆焊并修磨平整使其间隙符合要求。

（8）T 形接头的角焊缝连接部件的根部间隙大于 1.5mm 且小于 5mm 时，角焊缝的焊脚尺寸应按根部间隙值予以增加。

（9）为防止焊接飞溅，高合金钢、不锈钢坡口两侧 100mm 范围内，在施焊前应采取防止飞溅物污损焊件表面的措施。

（10）组对时，坡口间隙、错边量、棱角度等应符合焊接工艺和相关国家及行业标准的规定。

（11）焊件组对时应垫置牢固，并应采取措施防止焊接和热处理过程中产生附加应力和变形。

（12）背面带钢垫板的对接坡口焊缝，垫板与母材之间应贴紧。

（13）纵向对接焊缝两端部宜设置引弧板和引出板，其材质宜与母材相同或为同一类别。

（14）需预拉伸或预压缩的管道焊缝，组对时所使用的工卡具应在整个焊缝焊接及热处理完毕并经检验合格后方可卸载。

1.3.2 定位焊

（1）定位焊必须由持相应资格证书的焊工施焊，所用焊接材料应与正式焊缝的焊接材料相当。

（2）定位焊缝的长度、厚度和间距的确定，应能保证焊缝在正式焊接过程中不开裂。

一般定位焊缝厚度不应小于 3mm，长度不应小于 40mm，其间距宜为 300～600mm。

（3）在根部焊道焊接前，应对定位焊缝进行检查，当发现缺陷时，应处理后方可施焊。

定位焊缝附近的母材上待焊接的表面和两侧应均匀、光洁，且应无毛刺、裂纹和其他对焊缝质量有不利影响的缺陷。待焊接的表面及距焊缝坡口边缘位置 30mm 范围内不得有影响正常焊接和焊缝质量的氧化皮、锈蚀、油脂、水等杂质。

（4）与母材焊接的工卡具其材质宜与母材相同或为同一类别号，其焊接材料宜采用与母材相同或为同一类别号。拆除工卡具时不应损伤母材。拆除后应确认无裂纹并将残留焊疤打磨修整至与母材表面齐平。

（5）复合钢定位焊时，定位焊缝宜焊在基层母材坡口内，且采用与焊接基层金属相同的焊接材料。

（6）采用钢衬垫的焊接接头，定位焊宜在接头坡口内进行；定位焊焊接时预热温度宜高于正式施焊预热温度 20～50℃。

1.4 引弧板、引出板和背面衬板

在焊接的起始点不能达到所要求的熔深，在焊接结束点由于有收弧坑，不能得到完全的焊缝，因此在焊缝的两端需要有引入板和引出板（工艺板），开始焊接和结束在此工艺板上进行。焊接工艺板除了可以去除焊缝不良部分之外，还对增加母材的拘束、降低端部电弧偏吹有好的效果。引弧板、引出板和钢衬垫板的钢材强度不应大于被焊钢材强度，且应具有与被焊钢材相近的焊接性。

另外，为了确保完全焊透，在焊接接头的反面垫以与母材相同材料的钢板，这种垫板称作背面衬板。

1.4.1 引弧板、引出板长度参考值

引弧板、引出板的坡口应与母材坡口形状相同，其长度应根据焊接方法和母材厚度而定，焊条电弧焊和气体保护电弧焊焊缝引弧板、引出板长度应大于 25mm，埋弧焊引弧板、引出板长度应大于 80mm。表 1-1 为一般焊接方法采用的引弧板、引出板长度参考值。

1.4.2 应用要求

（1）T 形接头、十字形接头、角接接头和对接接头主焊缝两

引弧板、引出板长度参考值　　　　　　　表 1-1

焊接方法	引弧板、引出板长度(mm)
手工电弧焊	30～50
半自动焊	40～60
埋弧自动焊	50～100
熔化嘴电渣焊	约 100

端，必须配置引弧板和引出板，其材质应和被焊母材相同，坡口形式应与被焊焊缝相同。

（2）手工电弧焊和气体保护电弧焊焊缝引出长度应大于 25mm。其引弧板和引出板宽度应大于 50mm，长度宜为板厚的 1.5 倍且不小于 30mm，厚度应不小于 6mm。非手工电弧焊焊缝引出长度应大于 80mm。其引弧板和引出板宽度应大于 80mm，长度宜为板厚的 2 倍且不小于 100mm，厚度应不小于 10mm。

（3）引弧板、引出板、垫板的固定焊缝应焊在接头焊接坡口内和垫板上，不应在焊缝以外的母材上焊接定位焊缝，如图 1-4 所示。

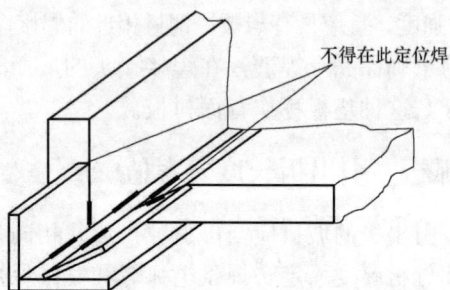

不得在此定位焊

图 1-4　引弧板、引出板的固定焊缝位置示意

（4）对有些结构如"工"字钢中加劲肋等的焊接时，若设计允许可采用包角焊方式而省略引出板，如图 1-5 所示。但包角焊接必须完整，不能留有缺口，特别在转角处应连续施焊，而不得在转角处引弧或熄弧。

（5）单面焊接时，背面衬板和焊缝金属成为一体，因而安装背面衬板时应将它与坡口处的母材底面贴紧，如图1-6所示，否则将影响焊缝质量。

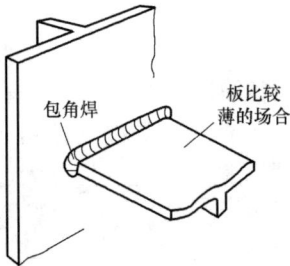

图 1-5　省略引出板示意

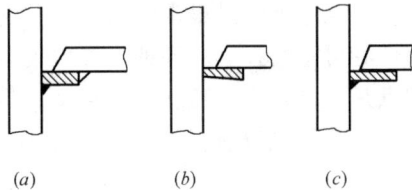

(a)　*(b)*　*(c)*

图 1-6　背面衬板装配示意
(a) 合理；*(b)*、*(c)* 不合理

（6）引弧板、引出板在焊接后，如果在结构上或施工中没有妨碍，可以将其保留，否则，宜采用火焰切割、碳弧气刨或机械等方法去除，去除时不得伤及母材，习惯的做法最好是在离母材5mm处割断，并用砂轮机修磨至与焊缝端部平整。严禁使用锤击去除引弧板和引出板。

（7）引弧板、引出板、垫板割除时，应沿拐角处切割成圆弧过渡，且切割表面不得有深沟、不得伤及母材。

1.4.3　钢衬垫的使用

（1）钢衬垫应与接头母材金属贴合良好，其间隙不应大于1.5mm。

（2）钢衬垫在整个焊缝长度内应保持连续。

（3）钢衬垫应有足够的厚度以防止烧穿。用于焊条电弧焊、气体保护电弧焊和自保护药芯焊丝电弧焊焊接方法的衬垫板厚度不应小于4mm；用于埋弧焊焊接方法的衬垫板厚度不应小于6mm；用于电渣焊焊接方法的衬垫板厚度不应小于25mm。

（4）应保证钢衬垫与焊缝金属熔合良好。

11

2 焊条电弧焊

手工电弧焊是最常用的焊接方法，设备简单，操作灵活，适用性和可达性强，对各种施焊位置和分散或曲折短焊缝均适用。缺点是生产效率比自动、半自动焊低，质量稍低并且变异性大，施焊时电弧光较强。

2.1 焊接设备检查、使用及维护

电源在电路中用来向负载供给电能的装置，而焊条电弧焊的电源在焊接回路中为焊接电源提供电能，为区别于普通电源和焊条电弧焊的电源，所以称焊条电弧焊的电源为电弧焊电源，俗称电焊机。

按电流种类可分为弧焊变压器，弧焊整流器、逆变直流弧焊机和脉冲弧焊机。逆变弧焊机是一种新型高效节能机电一体化的焊接设备，体积小、重量轻、稳定可靠、无电磁噪声，焊接工艺性能优越。

2.1.1 一般规定

（1）现场使用的电焊机，应设有防雨、防潮、防晒、防砸的机棚，并应装设相应的消防器材。

（2）焊接区域及焊渣飞溅范围内不得有易燃易爆物品。

（3）电焊机导线应具有良好的绝缘，绝缘电阻不得小于 $0.5M\Omega$，接地线接地电阻不得大于 4Ω；接线部分不得有腐蚀和受潮。

（4）电焊机的二次线应采用防水橡皮护套铜芯软电缆，电缆长度不宜大于 30m，一次线长度不宜大于 5m，电焊机必须设单独的电源开关和自动断电装置，应配装二次侧空载降压器。两侧接线应压接牢固，必须安装可靠防护罩。

（5）在载荷运行中，电焊机的温升值应在 60～80℃ 范围内。

（6）安全防护装置应齐全有效；漏电保护器参数应匹配，安装应正确，动作应灵敏可靠；接零应良好。

（7）各类电焊机的整机的要求如下：

1）焊机内外应整洁，不应有明显锈蚀。

2）各部件连接螺栓应紧回牢靠，不应有缺损。

3）机架、机壳、盖罩不应有变形、开焊和开裂。

4）行走轮及牵引件应完整，行走轮润滑应良好。

5）焊接机械的零部件应完整，不应有缺损。

2.1.2 交流电焊机（焊接变压器）的检查、使用及维护

1. 检查及使用要点

（1）接线装置的要求如下：

1）一次线和二次接线保护板应完好，接线柱表面应平整，不应有烧蚀和破裂。

2）接线柱的螺母、铜垫圈和母线应紧固，螺母不应有破损、烧蚀和松动，接线柱防护罩应无破损。

3）接线保护应完好。

（2）调节器及防振装置的要求如下：

1）调节丝杆及螺母应转动灵活，不应有弯曲和卡阻，紧固件不应松动。

2）防振弹簧弹力应良好有效。

3）手摇把不应松旷和丢失。

（3）电焊机罩壳应能防雨、防尘、防潮。

（4）一次线长度不得超过 5m，应穿管保护。

（5）应设置二次空载降压保护装置，且应灵敏有效。

（6）交流弧焊机使用前，应检查变压器外壳是否有可靠接

地，接线螺栓是否可靠，内部是否清洁。

（7）焊接时，变压器铁芯如发生振动，应及时修理。应随时检查变压器温升是否超过规定，发现变压器过热，应暂时停止工作。检查故障时，应切断电源。

2. 常见故障及排除

交流弧焊机（焊接变压器）的常见故障及排除方法见表 2-1。

交流弧焊机（焊接变压器）的常见故障及排除方法　表 2-1

故障特征	产生原因	消除方法
变压器发热	(1)焊机过载； (2)线圈匝间短路； (3)铁心螺杆绝缘损坏	(1)减少使用的焊接电流； (2)用摇表检查； (3)消除短路恢复绝缘材料
变压器响声过大	(1)电抗线圈紊乱； (2)可动铁心的制动螺丝或弹簧过松； (3)铁心活动部分的移动机构损坏	(1)整理固定线圈旋紧螺丝； (2)调整弹簧的拉力； (3)检查修理移动机构
焊接过程中电流忽大忽小	(1)焊接电缆与焊件接触不良； (2)可动铁心随焊机的振动而移动	(1)使焊接电缆与焊件接触良好； (2)设法消除可动铁心的移动
变压器外壳带电	(1)初级线圈或次级线圈碰壳； (2)电源线误碰罩壳	(1)检查并消除碰壳处； (2)消除碰壳现象，接妥地线
焊接电流过小	(1)焊接电缆过长，压降太大； (2)电缆盘成圆形，电感太大； (3)电缆接线柱与焊件接触不良	(1)减小电缆长度或加大直径； (2)将电缆放开； (3)使接头处接触良好

2.1.3　逆变直流弧焊机的检查、使用及维护

1. 检查及使用要点

（1）分级变阻器的要求如下：

14

1）变阻器各触点不应烧损，接触应良好，滑动触点转动应灵活有效。

2）输入线和输出线的接线板应完好，接线柱不应烧损和松动，接头垫圈应齐全。

（2）换向器的要求如下：

1）刷盒位置调整应适当；不应锈蚀；刷盒应离开换向器表面 2～3mm。

2）碳刷与换向器接触应良好，位置调整应适度。

3）碳刷滑移应灵活无阻，磨损不应超过原厚度的 2/3。

（3）安全防护的要求如下：

1）各线路均应绝缘良好，输入线应符合接电要求，输出线断面应大于输入线断面的 40% 以上。

2）接地电阻值不应大于 4Ω。

3）接线板护罩和开关的消弧罩应完整。

（4）使用前检查以下内容：

1）使用中经常检查焊接电缆快速接头的接触情况是否良好。

2）焊机可见部位应清洁无尘垢杂物，并定期清扫检查。

3）焊机的外壳接地是否可靠，未接地不得使用。

（5）接入网路时要仔细检查各接线是否正确，焊机铭牌电压值是否与网路电压相符。

（6）检査通风电扇的旋转方向应正确，如风扇电机发生故障，在未排除前不得使用。

（7）避免焊机在布满灰尘的环境中使用，应放在通风良好干燥的场所，并应用干燥的压缩空气定期除尘。

2. 常见故障及排除方法

逆变系列弧焊机的常见故障及排除方法见表 2-2。

2.1.4 硅整流弧焊机的检查、使用及维护

1. 检查及使用要点

（1）新的或长期放置未用的硅整流弧焊机，应先检查内部有

逆变式弧焊机的常见故障及排除方法   表 2-2

故障现象	产生原因	排除方法
开机后指示灯不亮有电压风机正常运转焊机能工作	指示灯接触不良或损坏	重新连接指示灯更换指示灯(6.3V,0.15A)
开机后指示灯不亮、风机也不转、但后面板上空气开关处于闭合位置	(1)缺相； (2)空气开关损坏	(1)检查电路； (2)更换空气开关
焊接电流小不能正常工作	(1)换向电容中某些失效； (2)焊枪电缆截面太小； (3)三项电源缺相； (4)控制电路板损坏	(1)更换损坏电容； (2)更换焊接电缆； (3)检查用户配电盘柜； (4)更换控制电路板
开机后焊机无空载电压输出	控制电路板损坏	维修或更换控制电路板
接通焊机电源自动空气开关就立即断电	(1)整流二极管损坏； (2)三相整流桥损坏； (3)控制电路板故障	(1)更换整流管； (2)更换整流桥； (3)更换控制电路板
焊接过程中均出现连续断弧	电抗器匝间绝缘不良,有匝间短路现象	送厂修复

无损坏，电路接头有无松动，特别要注意检查整流元件保护电路的电阻，电容接头，以防使用时浪涌电压损坏整流元件。

（2）使用兆欧表检测时，应先将整流元件路或将硅整流弧焊机输出回路短路，防止整流元件因过电压而击穿。

（3）接线时，一定要保证冷却风扇转向正确，使内部热量顺利排出，严禁在不通风的情况下使用硅整流弧焊机。

（4）必须特别注意硅元件的保护和冷却，硅元件如损坏时，必须在排除故障后，才能调换新元件。

（5）硅元件及有关电子线路，必须保持干净清洁。磁放大器铁芯为冷轧硅钢片，严禁冲撞或振动，以防磁性变化。

2. 常见故障及排除方法

硅整流弧焊机的常见故障及排除方法见表 2-3。

硅整流弧焊机的常见故障及排除方法 表 2-3

故障特征	产生原因	消除方法
电机壳漏电	(1)电源接线误碰机壳,变压器、电抗器、风扇及控制线路元件等碰机壳; (2)未接安全地线或接触不良	(1)消除接触; (2)接好地线
空载电压过低	(1)电源电压过低; (2)变压器绕组短路	(1)调高电源电压; (2)消除短路
电流调节失灵	(1)控制绕组短路; (2)控制回路接触不良; (3)控制整流回路元件击穿	(1)消除短路; (2)使接触良好; (3)更换元件
焊接电流不稳定	(1)主回路接触器抖动; (2)风压开关抖动; (3)控制回路接触不良、工作失常	(1)消除抖动; (2)消除抖动; (3)检修控制回路
工作中焊接电压突然降低	(1)主回路部分或全部短路; (2)整流元件击穿短路; (3)控制回路断路或电位器未调好	(1)修复线路; (2)更换元件,检查保护线路; (3)检查调整控制回路
电扇电机不转	(1)熔断器熔断; (2)电动机引线或绕组断线; (3)开关接触不良	(1)更换熔断器; (2)接妥或修复; (3)使接触良好
电表无指示	(1)电表或相应接线短路; (2)主回路出故障; (3)饱和电抗器和交流绕组断线	(1)修复电表; (2)排除故障; (3)排除故障

2.1.5 常用焊接工具

1. 电焊钳

电焊钳的作用是夹住焊条和传导电流,主要由上下钳口、弯臂、弹簧、直柄、胶布手柄及固定销等组成。焊钳的构造好坏,对焊接质量影响很大,对此电焊钳的要求是:导电性能好、重量轻、夹住焊条要牢以及装换焊条方便等。

常用电焊钳的导电部分用紫铜制成，焊钳的外壳均用绝缘罩壳保护，共中上下钳口的单壳用绝缘耐热的纤维塑料压制而成，电焊钳依靠弹簧的弹力，牢固地夹住焊条。

电焊钳应有良好的绝缘和隔热性能；电焊钳握柄绝缘应良好，握柄和导线连接应牢靠，接触应良好。

2. 焊接电缆

焊接电缆的作用是传导焊接电流，对焊接电缆有下列要求：

（1）一般要求使用紫铜软线，并具有一定的截面积和足够的导电能力。

（2）要容易弯曲和柔软性好，便于焊工操作，减低劳动强度。

（3）绝缘性良好，以免产生短路而损坏电焊机。

电焊机采用两根焊接电缆，一根接到电焊钳上，另一根接到焊件上。连接焊件的电缆也可用金属板代替，但与电焊机接线柱的连接必须采用一根较短的电缆，然后再与具有足够导电截面的金属板连接，以保证良好导电。

焊接电缆的长度应根据工作时的具体情况选定，但不要过长。电缆的截面积大小应根据焊接电流大小决定，如表 2-4 所示。

焊接电缆截面积的选择　　　　　　　　　　　表 2-4

最大焊接电流（A）	200	300	450	600
焊接电缆截面积（mm²）	25	50	70	95

3. 面罩及护目玻璃

面罩的作用是保护焊工的面部，免受强烈的电弧光和金属飞溅的灼伤。面罩有手持式和头盔式两种形式，如图 2-1 所示，是常用的两种面罩。

面罩上的护目玻璃起到减弱电弧光并过滤红外线、紫外线的作用。在护目玻璃外还有相同尺寸的一般玻璃，以防金属飞溅沾

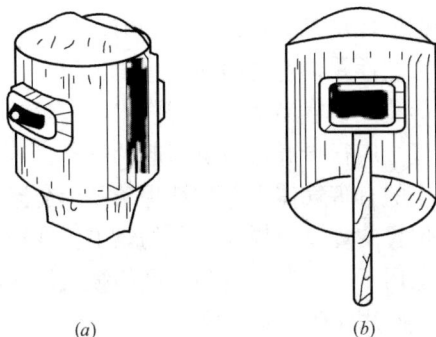

图 2-1　焊接面罩

(*a*) 头盔式面罩；(*b*) 手持式面罩

污护目玻璃。焊接时焊工通过护目玻璃观察熔池情况，掌握焊接过程而不会使眼睛受弧光灼伤。

护目玻璃片的颜色是有深浅的，焊工可根据具体情况进行选用。若焊接、切割中的电流较大，又没有遮光号大的滤光片，可将两片遮光号小的滤光片叠起来使用，其保护眼睛的效果相同。

2.2　焊条识别及选用

2.2.1　焊条识别

手工焊所采用的焊条，其表面都敷有一层 1～1.5mm 厚度的药皮。药皮的作用：稳定电弧；施焊时产生气体保护熔融金属与大气隔离，以防止空气中氧氮侵入而使焊缝变脆；造成熔渣（清理焊缝时铲除）覆盖于焊缝表面，使与大气隔离，并使焊缝冷却缓慢以便混入熔融金属中的气体和有害杂质溢出表面；另外，药皮中的合金成分还可以改善焊缝性能。

按焊条药皮熔化后熔渣的特性分类，可将焊条分为酸性焊条和碱性焊条两大类。

1. 酸性焊条

常用的碳钢酸性焊条有钛钙型 E4301、E5001 等。酸性焊条的主要优点是工艺性好，容易引弧并且电弧稳定，飞溅少，脱渣性好，焊缝成形美观，容易掌握施焊技术，并且酸性焊条的抗气孔性能好，焊缝金属很少产生由氢引起的气孔，对锈、油等不敏感，焊接时产生的有害气体少。酸性焊条可用交流、直流焊接电源，适于各种位置的焊接，焊前焊条的烘干温度较低。

酸性焊条适用于一般低碳钢和强度等级较低的普通低碳钢结构的焊接，一般不用于焊接低合金钢。

2. 碱性焊条

碱性焊条又称低氢焊条。使用碱性焊条，焊缝金属的塑性、韧性和抗裂性能都比酸性焊条高，所以这类焊条适用于合金钢和重要的碳钢结构的焊接。要求用直流焊接电源进行焊接。使用碱性焊条要求很短的电弧，焊前坡口去除锈、油和水分，焊条在焊前应严格烘干，碱性焊条必须采用直流反接才能施焊。

碱性焊条的烘干温度在 200～300℃，烘干 2h。对含氢量有特殊要求的焊条，烘干温度应提高到 450℃。经烘干的碱性焊条，应放入 100～200℃ 的电焊条保温筒内，随用随取，烘干后暂时不用的碱性焊条再次使用前，还要重新烘干。

碱性焊条在焊接时会产生有毒气体，对工人身体健康有害。由于碱性焊条对铁锈、油污、水分和电弧拉长都较敏感，容易产生气孔，因此除了焊前要严格烘干焊条，仔细清理焊件坡口外，在施焊时还要始终应保持短弧操作。

3. 识别酸性焊条和碱性焊条

识别酸性焊条和碱性焊条时，首先看其外包装标识，也可观察焊条端部钢芯表面颜色，碱性焊条端部往往有烤蓝色，而酸性焊条则没有。

另外从熔渣颜色也可以识别，碱性焊条熔渣背面呈乌黑色，渣壳较致密；酸性焊条熔渣背面呈亮黑色，而且渣壳较疏松，多孔。

2.2.2 焊条的选用

1. 根据被焊金属材料和焊件的使用条件及性能选择焊条

焊接碳钢或普通低合金钢时，应根据母材的抗拉强度，按等强原则选用焊条。在手工焊时，对 Q235 钢用 E43 型焊条（E4300～E4316）Q345 钢（16Mn 钢）用 E50 型焊条（E5000～E5018），Q390（15MnV）钢和 Q420 钢均用 E55 型焊条（E5500～E5518）。

异种钢焊接时，按强度较低一侧的钢材选用焊条。

耐热钢焊接时，如过热蒸汽管道、锅炉受热面管子的焊缝，应尽量使焊缝具有与母材相同的金相组织和相近的材质，以免焊接区在长期高温作用下发生合金元素的扩散，保证焊缝与母材具有同等水平的高温性能。

不锈钢焊接时，要保证焊缝成分与母材成分相适应，从而保证焊接接头在腐蚀介质中工作的性能要求。

低温钢焊接时，要求在低温下工作的焊缝，应使焊缝尽量与母材有相同的材质，并且具有良好的塑性和冲击韧性。

对于要求有耐磨、耐擦伤的焊缝，应按其工作温度（常温或高温）工作硬度和良好的抗擦伤、耐腐蚀、抗氧化等性能选择焊条；对于要承受动荷载的焊缝，则要选用熔敷金属具有较高的抗拉强度、冲击韧性及延伸率的焊条，按要求程度的高低顺次选用低氢型、钛钙型、锰型、氧化铁型药皮类型的焊条；而对于承受静荷载的焊缝，只要选用抗拉强度与母材相当的焊条即可。

2. 酸性焊条和碱性焊条的选用

在焊条的抗拉强度等级确定后，在决定选用酸性焊条和碱性焊条时，一般应考虑以下几方面的因素：

（1）当接头坡口表面难以清理干净时，应采用氧化性强、对铁锈、油污等不敏感的酸性焊条。

（2）在容器内部或通风条件较差的条件下，应选用焊接时析出有害气体少的酸性焊条。

（3）当母材中碳、硫、磷等元素含量较高时，且焊件形状复杂、结构刚性大和厚度大时，应选用抗裂性好的碱性低氢型焊条。

（4）当焊件承受振动载荷或冲击载荷时，除保证抗拉强度外，应选用塑性和韧性较好的碱性焊条。

（5）在酸性焊条和碱性焊条均能满足性能要求的前提下，应尽量选用工艺性能较好的酸性焊条。但是，选用焊条应以保证焊缝使用性能和抗裂性能符合要求为准，而不能把操作工艺性放在第一位。

3. 根据设备和焊接位置选择焊条

在没有直流电焊机的情况下，不能选用加稳弧剂的低氢焊条和仅限用直流电源的焊条，应选用交、直流两用焊条；焊接部位为空间任意位置时，必须选用能进行全位置焊接的焊条；立焊、仰焊时，建议按钛型药皮类型、铁钛型药皮类型的焊条顺序选用；焊接部位始终是向下立焊时，可以选用专用向下立焊的焊条或其他专门焊条。对于一些要求高生产率的焊件时，可选用高效的铁粉焊条。

4. 经济合理性

在同样能保证符合焊接性能要求的前提下，应首先选用成本低的焊条。如钛钙型药皮类型的焊条成本较高，而钛铁矿药皮类型的焊条费用较低。

2.3　焊接工艺参数选择

2.3.1　主要焊接工艺参数

手工电弧焊的焊接工艺参数包括：焊条直径、焊接电流、电弧电压、焊接层数、焊接速度等，应在保证焊接质量的条件下，采用大直径焊条和大电流焊接，以提高劳动生产率。

2.3.2　焊接工艺参数选择

手工电弧焊的主要焊接参数如下：

1. 焊条直径

通常根据所焊钢材的化学成分、力学性能、工作环境等方面的要求，以及焊接结构承载的情况和弧焊设备的条件等综合考虑，选择合适的焊条牌号，从而保证焊缝金属的性能要求。焊条直径大小的选择与下列因素有关：

（1）焊件的厚度：焊件厚度大于 5mm 应选择 4.0、5.0mm 直径的焊条；反之，薄焊件的焊接，则应选用 3.2、2.5mm 直径的焊条。

（2）焊缝的位置：在板厚相同的条件下，平焊时选用的焊条直径比其他位置焊缝大一些，但一般不超过 5mm，立焊一般使用 3.2、4.0mm 直径的焊条，仰焊、横焊时，为避免熔化金属的下淌，得到较小的熔池，选用的焊条直径不超过 4mm。

（3）焊接层数：进行多层焊时，为保证第一层焊道根部焊透，打底焊应选用直径较小的焊条进行焊接，以后各层可选用较大直径的焊条。

（4）接头形式：搭接接头、T 形接头因不存在全焊透问题，所以应选用较大的焊条直径，以提高生产效率。

为提高生产率，通常选用直径较粗的焊条，但一般不大于 6mm，焊条直径与板厚的关系可参考表 2-5，工件厚度在 4mm 以下的对接焊时，一般均用直径小于等于工件厚度的焊条。大厚度工件焊接时，一般接头处都要开坡口，在焊打底层焊时，可采用 2.5～4mm 直径的焊条，之后的各层均可采用 5～6mm 直径的焊条。立焊时，焊条直径一般不超过 5mm；仰焊时则不应超过 4mm。

焊条直径与板厚的关系　　　　　　　　表 2-5

焊件厚度(mm)	<2	2	3	4～6	6～12	>12
焊条直径(mm)	1.6	2	3.2	3.2～4	4～5	4～6

2. 焊接电流

焊接电流必须选用得当。焊接时，适当地加大焊接电流，可以加快焊条的熔化速度，从而提高工作效率。电流过大，会使焊条芯过热，致使涂药过早脱落，增加飞溅和烧损，降低了燃弧的稳定性，使焊缝成型困难；同时，易造成焊缝两边咬边，根部过薄和烧穿；平焊、立焊和横焊位置的根部出现焊瘤，仰焊位置根部出现凹陷。对于合金钢来说，金属组织过热，焊缝及近缝区金属容易变质，机械强度降低。若电流过小，则熔深不够，又易造成焊不透和熔化不良。同时，由于电弧热能小，熔金属冷凝快，而形成焊缝中的夹渣和气孔。

选择焊接电流的主要依据是焊条直径、焊缝位置、焊条类型，以及焊接经验来调节合适的焊接电流。

（1）根据焊条直径来选择

焊条直径一旦确定下来，也就限定了焊接电流的选择范围。因为不同的焊条直径均有不同的许用焊接电流范围，若超出许用范围，就会直接影响焊件的力学性能。根据焊条直径选择电流，方法有两种：

一是根据焊条直径查表选择，见表 2-6。

焊接电流选择　　　　　　　　　　表 2-6

焊条直径(mm)	1.6	2.0	2.5	3.2	4.0	5.0	5.8
焊接电流(A)	25～40	40～60	50～80	100～130	160～210	200～270	260～300

注：立、仰、横焊电流应比平焊小 10% 左右。

二是有近似的经验公式可供估算：

$$I=(30\sim55)d \qquad (2-1)$$

式中　　d——焊条直径（mm）；

　　　　I——焊接电流（A）。

（2）根据焊缝位置选择

在相同焊条直径条件下，平焊时，熔池中的熔化金属容易控制，可以适当地选择较大的焊接电流，立焊和横焊时的焊接电流比平焊时应减小 10%～15%，而仰焊时要比平焊时减小 10%～

24

20％。此外，角焊焊接，电流要稍大些。

打底焊时，特别是焊接单面焊双面成形焊道时，使用的焊接电流要小；填充焊时，通常用较大的焊接电流；盖面焊时，为防止咬边和获得较美观的焊缝，使用的电流稍小些。

（3）根据焊条类型选择

在焊条直径相同时，奥氏体不锈钢焊条使用的焊接电流要比碳钢焊条较小些，否则会因其焊芯电阻过热过大使焊条药皮过热而脱落。碱性焊条选用的焊接电流比酸性焊条小10％左右，否则焊缝中易形成气孔。不锈钢焊条比碳钢焊条选用电流小20％左右。

（4）根据焊接经验选择

1）焊接电流过大时：焊接爆裂声大，熔滴向熔池外飞溅；而且熔池也大，焊缝成形宽而低，容易产生烧穿、焊瘤、咬边等缺陷；运条过程中熔渣不能覆盖熔池起保护作用，而使熔池裸露在外，造成焊缝成形波纹粗糙；过大的电流使焊条熔化到大半根时，余下部分焊条均已发红。

2）焊接电流过小时：焊缝窄而高，熔池浅，熔合不良，会产生未焊透、夹渣等缺陷；还会出现熔渣超前，与液态金属分不清；有时焊条会与焊件粘结。

3）合适的焊接电流：熔池中会发出煎鱼般的声音；运条过程中，以正常的焊接速度移动，熔渣会半盖半露着熔池，液态金属和熔渣容易分清；焊缝金属与母材呈圆滑过渡，熔合良好；在操作过程中，有得心应手之感。

（5）在施工现场电流大小的判定

焊接电流初步选定后，要通过试焊调整。当其他焊接参数不变，增加焊接电流时，焊缝厚度和余高都会增加，而焊缝宽度几乎不变或略有增加，如图2-2所示。若焊接电流过大，有时可能出现焊漏或焊瘤缺陷。当焊接电流小时，焊缝厚度还会减小，焊接熔透变差。

1）根据电弧吹力、熔池深浅、焊条熔化速度、飞溅大小来

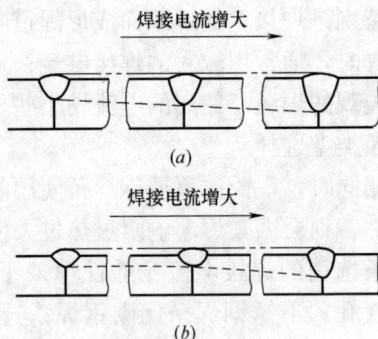

焊接电流增大 →

(a)

焊接电流增大 →

(b)

图 2-2 焊接电流对焊缝形状的影响
(a) I 形坡口；(b) Y 形坡口

判断。电流过大时，电弧吹力越大，熔深越深，焊条熔化速度越快，飞溅越大。由于飞溅大，而造成焊缝两边的表面很不干净。电流太小时，电弧吹力就小，熔池很浅，焊条熔化速度极慢，飞溅特别小，而且熔渣和铁水不易分离和辨别。电流适合时，不仅电弧吹力、熔池深浅、焊条熔化速度、飞溅等都适当，而且熔渣与铁水也容易分离和辨别。

2）根据焊缝形状判断。电流过大时，焊缝波纹较低，外形不规则，沿焊缝有咬边现象，如图 2-3 中的 a 处；电流太小时，焊波窄而高，焊缝两侧与基本金属熔合的很不平整，甚至缺乏充分熔合，如图 2-3 中的 b 处；电流适合时，焊缝两侧与基本金属结合得很好，是缓坡形，如图 2-3 中的 c 处。

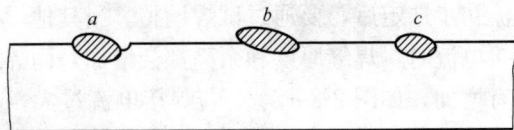

图 2-3 不同电流时的焊缝形状
a—电流过大；b—电流太小；c—电流适合时

26

3）连接焊把的电缆易发热，焊条后半截发红等都是电流过大的表现。电流很小时，焊条容易粘在焊件上。

3. 电弧电压

电弧电压主要取决于弧长。电弧长，则电压高；反之，则低，如图 2-4 所示。

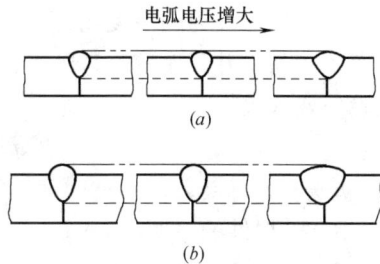

图 2-4　电弧电压对焊缝形状的影响
(a) I 形坡口；(b) Y 形坡口

焊条电弧焊的电弧电压是靠焊工在焊接中自己控制的。电弧过长，电弧燃烧不稳定，飞溅增加，易产生未焊透、咬边，焊缝成形差，熔池和熔滴保护性能差，易产生气孔。

经验证明，电弧长度控制在 1～4mm 范围内、电弧电压在 16～25V 之间，焊接时产生缺陷的倾向大大降低。焊接中应尽量采用短弧焊接，所谓短弧一般认为是焊条直径的 0.5～1.0 倍。一般立焊、仰焊控制的电弧比平焊要短，碱性焊条电弧长度应小于酸性焊条。采用短弧目的是防止空气中有害气体的侵入，同时保证电弧的稳定性。一般低氢型焊条采用短弧、低压操作能得到比较好的焊接效果。

4. 焊接层数

当焊件较厚时，往往需要多层焊。多层焊时，后层焊道对前一层焊道重新加热和部分熔合，可以消除后者存在的偏析、夹渣及一些气孔。同时后层焊道还对前层焊道有热处理作用，能改善焊缝的金属组织，提高焊缝的力学性能。因此，性能要求高的焊缝与接头，焊接层数多有利于控制焊接质量，每层焊缝厚度不宜大于 4mm。

对于厚度较大的焊件，一般都应采用多层焊。每层焊缝的厚度对焊缝质量和焊接应力的大小有着一定的影响。对于低碳钢和强度等级低的普通低合金钢，如果每层焊缝厚度过厚，会引起结构变形增大，对焊缝金属的塑性稍有不利影响。

为保证焊接质量，每层焊缝厚度应控制在 4～5mm。依据经验，多层焊每层焊缝的厚度约等于焊条直径的 0.8～1.2 倍时焊接生产率较高，并且比较容易操作。下面是多层焊每层焊缝层数的经验公式（仅供参考）。

$$n=\delta/d \tag{2-2}$$

式中　n——焊缝层数；

　　　δ——焊件的厚度，mm；

　　　d——焊条直径，mm。

5. 焊接速度

焊条电弧焊的焊接速度由操作者在焊接中根据具体情况灵活掌握。高质量的焊缝要求焊接速度均匀，既保证焊缝厚度适当，又保证焊件打底焊焊透和不烧穿。

当其他焊接参数不改变，增大焊接速度时，由于在单位长度上输入热量的时间变短了，输入的热量减少，导致焊缝的宽度和厚度下降，如图 2-5 所示。

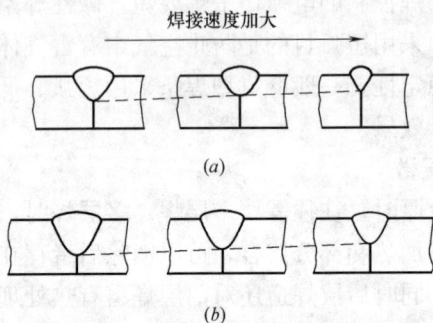

图 2-5　焊接速度对焊缝形状的影响
(a) Ⅰ形坡口；(b) Y形坡口

当其他工艺参数一定，如果焊接速度过快，高温停留时间短，易造成未焊透、未熔合，焊缝冷却速度过快，焊缝厚度太薄，会使易淬火钢产生淬硬组织等；如果焊接速度过慢，高温停留时间长，热影响区宽度增加，焊缝和过热区的组织变粗，变形量增加，薄板容易烧穿。

为了提高生产率，原则是在保证焊接质量的前提下，尽量采用较大的焊条直径、焊接电流和适当地焊接速度。

2.4 焊接基本操作

2.4.1 引弧

手工电弧焊的引弧方法有直击法和划擦法两种，如图 2-6 所示。

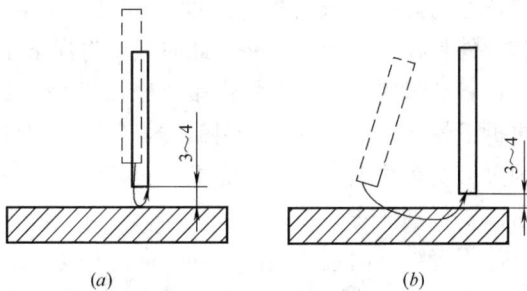

图 2-6 引弧方法
(a) 直击法；(b) 划擦法

1. 直击法

直击法引弧是将焊条末端垂直对准焊件，然后手腕下弯，使焊条轻微碰一下焊件，再迅速将焊条提起 3～4mm，引燃电弧后手腕放平，使电弧保持稳定燃烧。

这种引弧方法不会使焊件表面划伤，又不受焊件表面大小、形状的限制，所以是在生产中主要采用的引弧方法。但操作不易掌握，需提高熟练程度。

2. 划擦法

划擦法操作时将焊条在焊件上划动一下，划动长度一般为20～25mm，电弧即可引燃。当电弧引燃后，要在焊条熔覆金属还没有开始大量熔化的瞬间，立即使焊条末端与焊件表面距离维持在0.5～1倍的焊条直径，这样就能保持电弧的稳定燃烧。

划擦法引弧时，焊条末端应对准待焊接处，然后手腕扭转，使焊条在焊件上轻微划动，随后将焊条立即提起0.5～1倍焊条直径（3～4mm），并迅速移至待焊接处，稍做横向摆动即可持续焊接。主要用于碳钢、厚钢板焊接，也用于多层焊焊缝接头的引弧。

3. 注意事项

（1）引弧处应无油污、水锈，以免产生气孔和夹渣。

（2）焊条在与焊件接触后提升速度要适当，太快难以引弧；太慢焊条和焊件粘在一起造成短路，此时只要将焊条左右摇动就可脱离焊件，若还未脱离，则可将焊钳放松，切断焊接回路，待稍冷却后再拆下焊条。应该指出，引弧时焊条粘住焊件的时间若过长，会因过大的短路电流烧坏电焊机，对整流式电焊机会击穿整流器，所以要特别注意。

引弧→沿焊缝纵方向直线运动，同时向焊件送焊条→熄弧。

引弧→沿焊缝作直线运动，同时向焊件送焊条，并作横向摆动→熄弧。

（3）施焊开始引弧或施焊中因换焊条后的重新引弧，均应在起焊点前面15～20mm处焊缝内的基本金属上引燃电弧，然后将电弧拉长，带回起焊点，稍停片刻，作预热动作后，再压短电弧，把熔池熔透并填满到所需要的厚度，再把焊条继续向前移动，如图2-7所示。这样做可以加热起焊点并保持焊件的干净整齐。

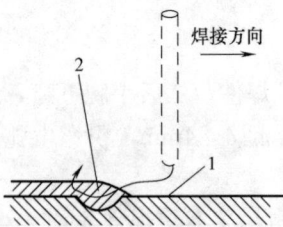

图2-7 断弧后的引弧示意图
1—引弧处；2—起焊点

（4）用堆焊方法修补重要工件时，不允许在焊件上引弧，应该在堆焊处旁边放置一小块铁板作引弧用。

2.4.2 运条操作

运条操作是焊接过程中最重要的环节，它直接影响焊缝的外表成形和焊接质量，对防治焊接缺陷有重要作用。

1. 运条的基本动作

电弧引燃后，焊条末端要有 3 个基本动作，如图 2-8 所示。

（1）沿焊条中心线向熔池送进：此动作用来维持焊条熔化后，继续保持一定的电弧长度。焊条的送进速度应与熔化速度基本相同。如果焊条向熔池送进速度比熔化速度慢，则电弧逐渐拉长，直至熄灭，如图 2-9 所示。如果焊条送进速度比熔化速度快，则电弧逐渐缩短，直至焊条与工件接触产生短路。

电弧长度通常为 2～4mm，一般碱性焊条较酸性焊条要短些。

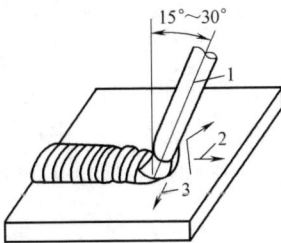

图 2-8 焊条末端的动作
1—焊条下压；2—焊条前进；
3—焊条左右往复摆动

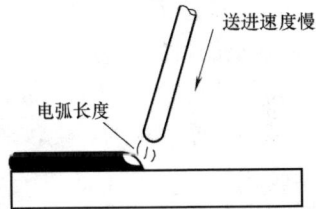

图 2-9 电弧逐渐拉长

（2）焊条沿焊接方向移动：此动作用来形成焊缝，其速度对焊缝质量有很大影响，若焊条移动速度太慢，则焊缝会过高、过宽，外形不整齐，焊接薄板时，甚至会发生焊穿等缺陷。若焊条移动速度太快，则焊条和焊件熔化不够，造成焊缝较窄，甚至会发生未焊透等缺陷。所以焊条沿焊接方向移动的速度，由焊接电流、焊条直径以及焊缝形式来决定。

（3）焊条的横向摆动：此动作是为了获得较宽的焊缝，其摆动范围根据焊缝宽度与焊条直径来决定。横向摆动力求均匀一致，以获得同样宽度的整齐焊缝。

2. 运条方法

手工电弧焊运条方法较多，实践中应合理结合使用，以提高焊接质量和劳动生产率。基本的运条方法一般可分为以下几种。

（1）直线形运条法：采用这种运条方法焊接时，焊条不做横向摆动，沿焊接方向做直线移动，如图 2-10（a）。焊缝宽度较窄，熔深大。常用于 I 形坡口的对接平焊，多层焊的第一层焊或多层多道焊。

（2）直线往复运条法：采用这种运条方法焊接时，焊条末端沿焊缝的纵向做来回摆动，如图 2-10（b）。它的特点是焊接速度快，焊缝窄，散热快。适用于薄板和接头间隙较大的多层焊的第一层焊。

（3）锯齿形运条法：采用这种运条方法焊接时，焊条末端做锯齿形连续摆动及向前移动，并在两边稍停片刻，如图 2-10（c），摆动的目的是为了控制熔化金属的流动和得到必要的焊缝宽度，以获得较好的焊缝成形。这种运条方法在生产中应用较广，多用于厚钢板的焊接，平焊、仰焊、立焊的对接接头和立焊的角接接头。

（4）月牙形运条法：采用这种运条方法焊接时，焊条的末端沿着焊接方向做月牙形的左右摆动，如图 2-10（d）。摆动的速度要根据焊缝的位置、接头形式、焊缝宽度和焊接电流值来决定。同时需在接头两边做片刻的停留，这是为了使焊缝边缘有足够的熔深，防止咬边。这种运条方法的优点是金属熔化良好，有较长的保温时间，气体容易析出，熔渣也易于浮到焊缝表面上来，焊缝质量较高，但焊出来的焊缝余高较高。这种运条方法的应用范围和锯齿形运条法基本相同。

（5）三角形运条法：采用这种运条方法焊接时，焊条末端做连续的三角形运动，并不断向前移动，按照摆动形式的不同，可分为正三角形和斜三角形两种，如图 2-10（e）、（f），斜三角形运条法适用于焊接平焊和仰焊位置的 T 形接头焊缝和有坡口的横焊缝，其优点是能够借焊条的摆动来控制熔化金属，促使焊缝成形良好。正三角形运条法只适用于开坡口的对接接头和 T 形接头焊缝的立焊，特点是能一次焊出较厚的焊缝断面，焊缝不易产生夹渣等缺陷，有利于提高生产效率。上述两种运条方法在实际应用时，应根据焊缝的具体情况而定，不过立焊时在三角形折角处要稍作停留。

（6）环形运条法：即焊条末端连续作环形运动并不断前移。环形运条法可分为正环形和斜环形两种，如图 2-10（g）、（h）所示。正环形运条只适用于焊接较厚焊件的平焊。斜环形运条适用于平、仰位置的填角焊和横焊，主要是控制熔化金属不下淌，有助于焊缝成形。

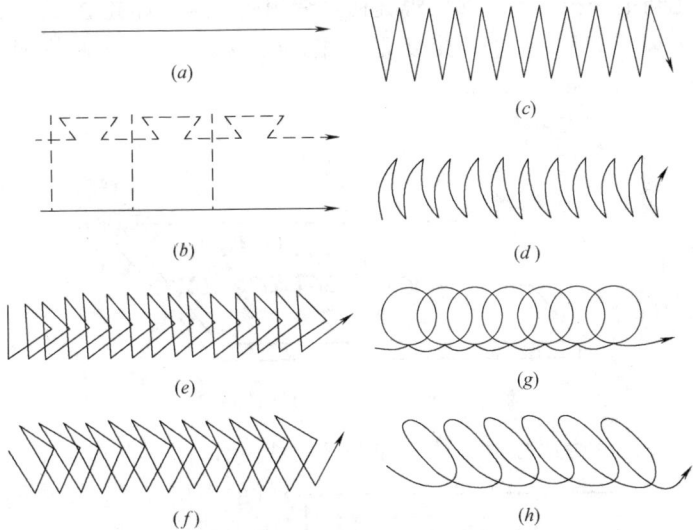

图 2-10　手弧焊常用的运条方法示意图

（a）直线形；（b）直线往复；（c）锯齿形；（d）月牙形；

（e）正三角形；（f）斜三角形；（g）正环形；（h）斜环形

2.4.3 焊缝的起头、连接及收尾

1. 焊缝的起头

焊缝的起头是指刚开始焊接部分的焊缝。在一般情况下，这部分焊缝略高些，原因是焊件在未焊前温度较低，而引弧后又不能迅速使这部分金属温度升高，所以起头部分的焊缝熔深较浅。避免方法是在引弧后先将电弧稍为拉长些，或离焊接起点10mm左右处引弧至一定时间再引向起头，这样对焊件进行必要的预热，然后缩短电弧长度进行正常的焊接。

2. 焊缝的连接

由于受焊条长度的限制，焊条电弧焊的焊接是断续进行的，为了保证焊接的连续性，减小焊接变形，焊缝的接头连接常采用以下几种。

（1）分段退焊法：如图2-11所示，下一条焊条焊接的焊缝收尾与上一根焊条焊接的焊缝初始端相接，这样焊缝全长受温度应力较小，引起的焊接变形也相应减小，适用于中长焊缝（300～1000mm）的焊接。

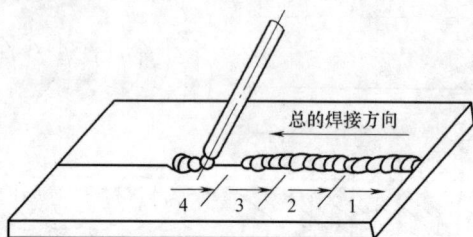

图2-11 分段退焊接

（2）分中逐步退焊法：如图2-12所示，由两个焊工采用同样的焊接参数，由中间向两端同时焊接，则每条焊缝所引起的变形可互相抵消。适 用 于 长 焊 缝

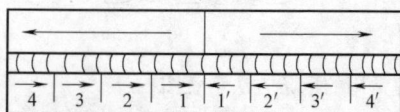

图2-12 分中逐步退焊法

（1000mm 以上）的焊接。

（3）跳焊法：如图 2-13 所示。朝着一个方向进行间断焊接，每段焊接长度以 200～250mm 为宜，适用于长焊缝的焊接。

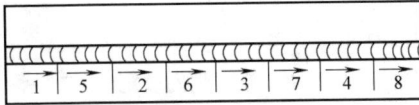

图 2-13　跳焊法

（4）交替焊法：如图 2-14 所示，其基本原理是选择焊件温度最低位置进行焊接，使焊件温度分布均匀，有利于减小焊接变形。此方法的缺点是焊工要不断地移动焊接位置，适用于长焊缝的焊接。

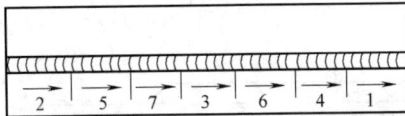

图 2-14　交替焊法

3. 焊缝收尾

焊缝收尾时容易出现尾坑裂纹，如图 2-15 所示。故焊缝收尾时，为了保证焊缝尾部成形良好，焊条应采用以下手法。

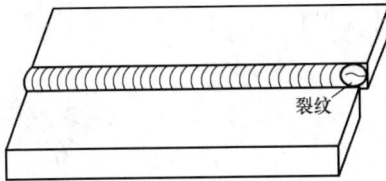

图 2-15　尾坑裂纹

（1）划圈收尾法：如图 2-16 所示，焊条移至焊道的终点时，利用手腕的动作做圆圈运动，直到填满弧坑再拉断电弧。该方法适用于厚板焊接，用于薄板焊接会有烧穿危险。

（2）回焊收尾法：如图 2-17 所示，焊条移至焊道收尾处即

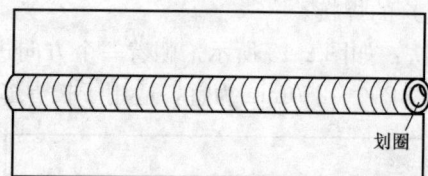

图 2-16　划圈收尾

停止，但不熄弧，此时适当改变焊条角度，焊条由位置 1 转到位置 2，待填满弧坑后再转到位置 3，然后慢慢拉断电弧。此法适用于碱性焊条。

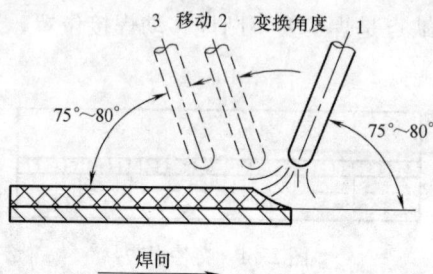

图 2-17　回焊收尾

　　（3）反复断弧法：如图 2-18 所示，焊条移至焊道终点时，在弧坑处反复熄弧、引弧数次，直到填满弧坑为止。该方法适用于薄板及大电流焊接，但不适用于碱性焊条，否则会产生气孔。

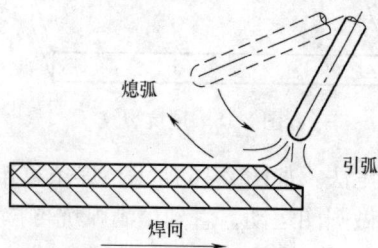

图 2-18　熄弧—引弧

2.5 不同焊接位置焊接操作

2.5.1 平焊操作

平焊指在平焊位置进行的焊接。平焊分为对接平焊、角接平焊和搭接平焊。对接平焊是在平焊位置上焊接对接接头的一种操作方法。

1. 焊条角度

(1) 不开坡口对接平焊：钢板厚度小于 6mm 时，可采用不开坡口对接。焊条和焊件表面的正确角度，如图 2-19 所示。

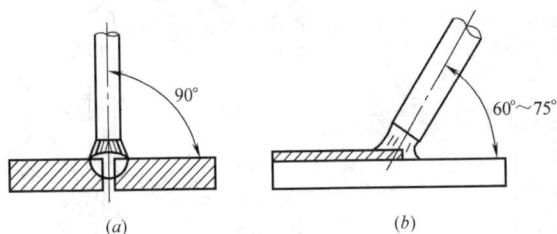

图 2-19 对接平焊的焊条角度
(a) 焊条与焊件左右夹角；(b) 焊条与其前进方向夹角

(2) 平角焊：根据两焊件的厚度确定焊条的角度。焊条角度有两个方向，一是焊条与焊件左右侧夹角，有两种情况，当两焊件厚度相等时，焊条与焊件的夹角均为 45°，如图 2-20 (a) 所示。当两焊件厚度不等时，焊条与较厚焊件一侧的夹角应大于焊条与较薄焊件一侧的夹角，如图 2-20 (b)、(c) 所示。二是焊条与焊接前进方向夹角，如图 2-20 (d)。

当 T 形接头焊条的角度应随每一道焊缝的位置而定，如图 2-21 所示。在实际焊接过程中，如焊件能翻转，应尽可能把焊件放成船形位置焊接，如图 2-22 所示，这样能避免产生咬边和焊缝单边等缺陷。

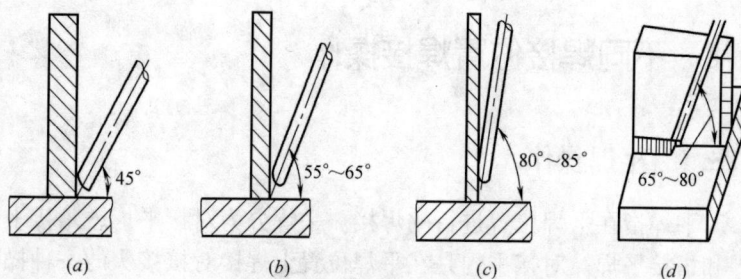

图 2-20　平焊的焊条角度

(a) 焊条与焊件左右侧夹角（相等）；(b)、(c) 焊条与焊件左右
侧夹角（不等）；(d) 焊条与焊接前进方向夹角

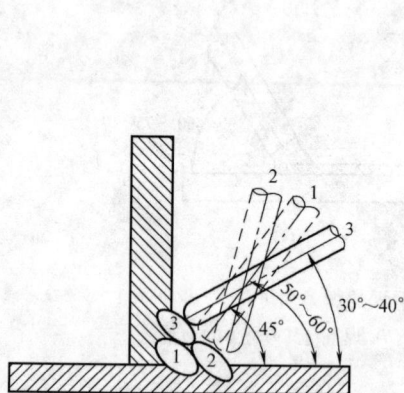

图 2-21　多层多道焊的焊条角度

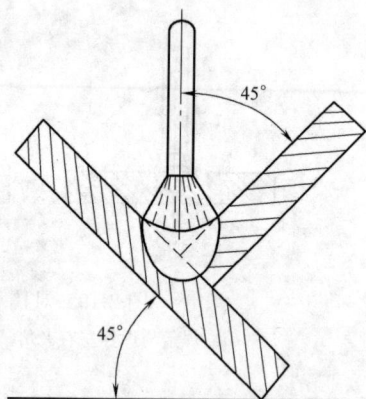

图 2-22　船形位置焊接

（3）搭接接头焊接时焊条的角度，如图 2-23 所示。

2. 起焊操作

在焊缝起点前方 15～20mm 处的焊道内引燃电弧，将电弧
拉长 4～5mm，对母材进行预热后带回到起焊点，把熔池填满到
要求的厚度后方可开始向前施焊。焊接过程中由于换焊条等因素
而停弧再施焊，其接头方法与起焊方法相同。但要先把熔池上的
熔渣清除干净方可再次引弧。

运条时，若发现熔渣和金属溶液混合不清，说明将要产生熔

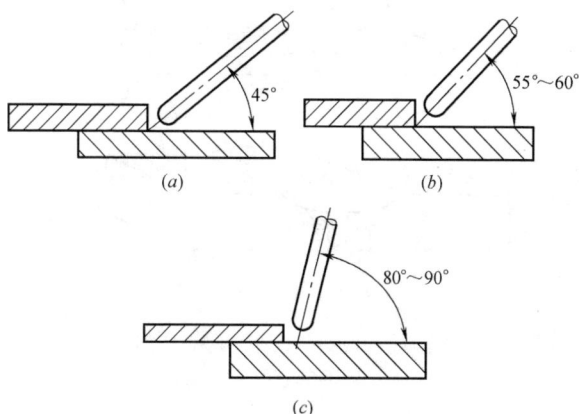

图 2-23　搭接平焊的焊条角度

渣超前现象，如不及时克服，将会产生夹渣缺陷，可把电弧稍微拉长一些同时改变焊条角度，并作向熔池后面推送熔渣的动作，如图 2-24所示。

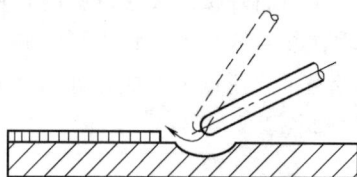

图 2-24　推送熔渣示意图

3. 开坡口单层和多层焊法

当焊件厚度≥6mm 时，因电弧的热量很难使焊缝的根部焊透，所以应开坡口。常用的坡口类型有 V 形和 X 形。对这两种对接接头的焊接，可采用单层焊、多层焊及多层多道焊等工艺，如图 2-25 所示。

（1）开坡口的单层焊法：钢板厚度为 6mm 的 V 形对接，可以采用单层焊接，如图 2-25（a）所示。但焊接时要注意钢板边缘的熔合情况外，还应防止根部焊穿。6mm 厚钢板宜采用多层焊，以容易保证焊缝质量。

（2）开坡口的多层焊法：钢板厚度在 6mm 以上的 V 形对接，宜采用两层或两层以上的多层焊接，如图 2-25（b）所示。当焊正面焊缝的第 1 层时，应选用直径较小的焊条（一般直径为 3.2～4mm）。运条方法则根据间隙大小而定，当间隙小时可采

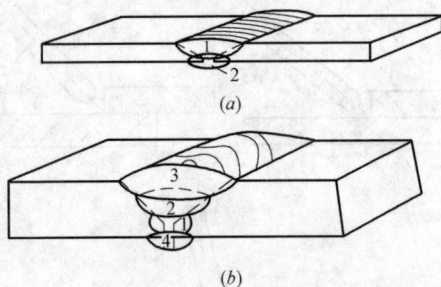

图 2-25 开坡口的对接平焊示意图

(a) 单层焊法；(b) 多层焊法

用直线形；间隙较大时可采用往复直线形，这样可避免焊穿。

清渣后焊接第 2 层焊缝时，可选用直径较大的焊条，运条方法用往复直线形或小锯齿形，并采用较短的电弧焊接。以后各层焊缝均可采用锯齿形或月牙形运条方法，但其摆动范围应逐渐加宽，如图 2-26 所示。

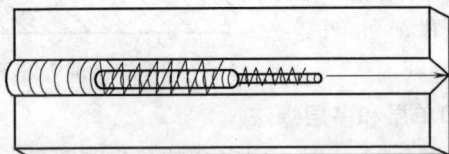

图 2-26 坡口对接的运条方法示意图

4. 收弧操作

每条焊缝焊到末尾应将弧坑填满后，往焊接方向的相反方向带弧，使弧坑甩在焊道里边，以防弧坑咬肉。

5. 清渣操作

整条焊缝焊完后清除熔渣，经焊工自检确无问题才可转移地点继续焊接。

2.5.2 立焊操作

1. 立焊的特点及措施

在立焊时，由于焊条的熔滴和熔池内金属容易下淌，操作较困难。故实践中应采用较细直径的焊条和较小的电流；采用短弧焊接，缩短熔滴过渡距离；正确选用焊条角度；根据接头形式和熔池温度，灵活运用运条方法等具体措施，以保证焊接质量和提高劳动生产率。

2. 立焊操作要点

立焊操作过程与平焊基本相同，但应注意以下几点：

（1）在相同条件下，焊接电流比平焊电流小 10%～15%。

（2）采用短弧焊接，弧长一般为 2～4mm。

（3）对接立焊时，焊条角度在左右方向各为 90°，如图 2-27（a）所示；与下方垂直平面成 60°～80°，如图 2-27（b）所示；立焊 T 形接头时，焊条角度根据焊件厚度确定。两焊接件厚度相等，焊条与焊件左右方向夹角均为 45°，如图 2-27（c）所示。

两焊件厚度不等时，焊条与较厚焊件一侧的夹角应大于较薄一侧，并焊条应与垂直面形成 60°～80°角，使电弧略向上吹向熔池中心。

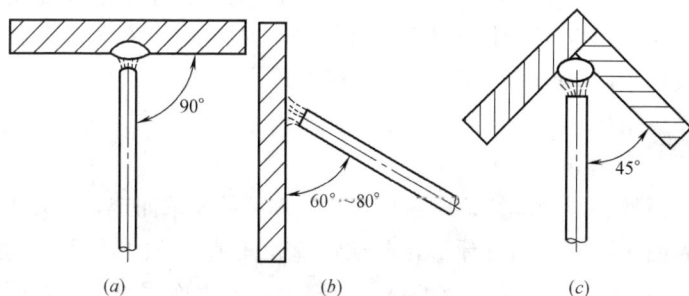

图 2-27　立焊焊条角度

（a）焊条与焊件左右夹角；（b）焊条与垂直面形成角度；（c）焊条与焊件角度

（4）不开坡口的对接立焊：不开坡口时，一般是采用从下向上焊接。宜选焊条直径 3.2mm，焊接电流要小些，电弧长度应不大于焊条直径。运条方法可用直线形跳弧法（与往复直线形运条法相似）、月牙形跳弧法以及锯齿形跳弧法等，如图 2-28 所示。

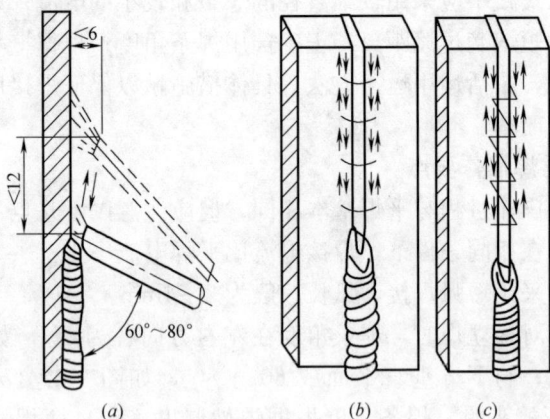

图 2-28　不开坡口对接立焊时各种运条方法

(a) 直线形跳弧法；(b) 月牙形跳弧法；(c) 锯齿形跳弧法

(5) 开坡口的对接立焊：开坡口的对接立焊一般采用多层焊，层数多少要根据焊件的厚度来决定。在施焊正面第 1 层焊缝时，应采用直径较小的焊条。运条方法如图 2-29 (a) 所示。对厚板可采用小三角形运条法，板厚中等或稍薄的采用小月牙形或跳弧运条法。第 2 层以上焊缝宜采用锯齿形运条法，所用焊条直径不大于 4mm。

最外一层的焊缝，应根据对焊缝表面的要求而定，如要求焊缝表面稍高的可用月牙形，要求焊缝表面稍平整的可用锯齿形，如图 2-29 (b) 所示。为了获得平整美观的表面焊缝，施焊时还应减小焊接电流（防止产生咬边和焊瘤）；运条速度要均匀，横向摆动时在 a、b 两点压低电弧，并稍作停留，以防止咬边。从 a 摆动至 b 时应稍快些，以防产生焊瘤，有时候表面层焊缝也可采用稍大的焊接电流配以快速的焊条横向摆动，在运条时采用短弧焊接，这样可获得余高较低，焊波较细且平整美观的焊缝。

(6) T 形接头立焊：主要采用由下向上焊接工艺，选用合适的运条方法和焊条角度，常用的运条方法有跳弧法、三角形、月

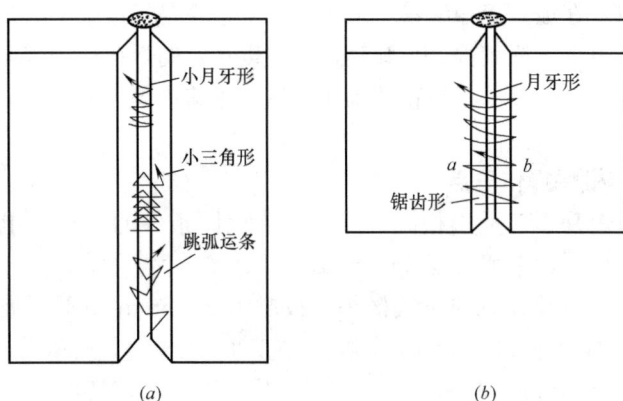

图 2-29　开坡口对接立焊常用的各种运条法

牙形以及锯齿形等，如图 2-30
所示。

（7）收弧：当焊接到末尾时，
采用挑弧法将弧坑填满，把电弧移
至熔池中央停弧。严禁弧坑甩在一
边，为防止咬肉，应压低电弧变换
焊条角度，即焊条与焊件垂直或电
弧稍向下吹。

2.5.3　横焊操作

1. 横焊的特点及措施

（1）横焊时，由于熔化金属受
重力作用下流至坡口上，形成未熔
合和层间夹渣。因此，应采用较小
直径的焊条和短弧施焊。

（2）铁水与熔渣较容易分清。

（3）采用多层多道焊能比较容易地防止铁水下流，但外观不
易整齐。

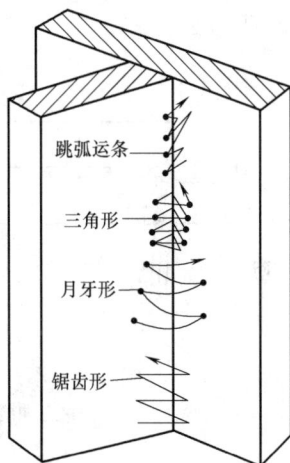

图 2-30　T 形接头立
焊常用的各种运条方法

（4）在坡口上边缘易形成咬肉，下边缘易形成下坠。操作时应在坡口上边缘稍停、稳弧动作，并以选定的焊接速度焊至坡口下边缘，做微小的横拉稳弧动作，然后迅速带至上坡口，如此匀速进行。

2. 横焊操作要点

横焊基本与平焊相同，焊接电流比同条件的平焊的电流小10%～15%，电弧长度2～4mm。

（1）不开坡口的对接横焊：板厚为3～5mm的不开坡口的对接横焊，应采用双面焊接。焊正面焊缝时，焊条直径为2.2mm或4mm。焊条角度横焊焊条应向下倾斜，其角度为75°～85°，防止铁水下坠。根据两焊件的厚度不同，可适当调整焊条角度。焊条与其焊接前进方向为75°～85°。焊条的位置和角度如图2-31所示。

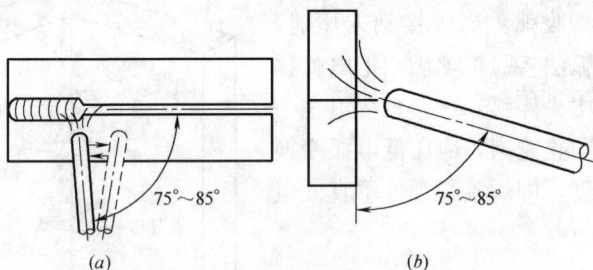

图 2-31　不开坡口对接横焊的焊条角度
（a）焊条与焊接前进方向的夹角；（b）焊条与焊件垂直方向的夹角

焊接时先在板端10～15mm处引弧后，立即移向始焊处长弧预热，转入焊接，如图2-32所示。均匀稍快的焊速，熔池形状保持较为明显，以防熔渣超前，同时全身也要随焊条的移动倾斜或移动并保证稳定协调。当焊缝上部凹或有咬边时，可再补焊一道或两道，形成单层多道焊，如图2-33所示。

（2）开坡口的对接横焊：开坡口对接横焊，其接头一般为V形或U形，进行开坡口对接横焊时，可采用多层焊，如图2-34

44

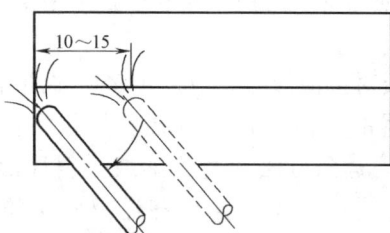

图 2-32　起弧位置

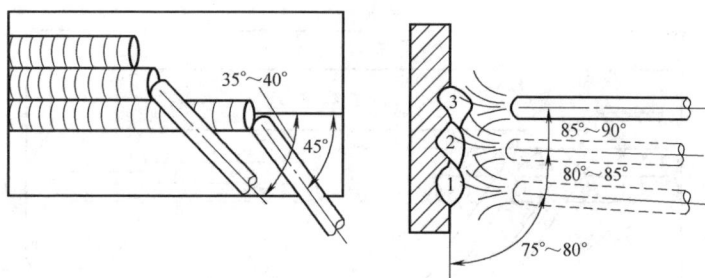

图 2-33　单层多道焊

（a）所示。施焊第 1 层时，焊条直径一般采用 3.2mm。运条方法可根据接头的间隙而定，如较小时可用直线形短弧焊接；较大时可用往复直线形运条法焊接。第 2 层焊缝宜采用 3.2mm 或

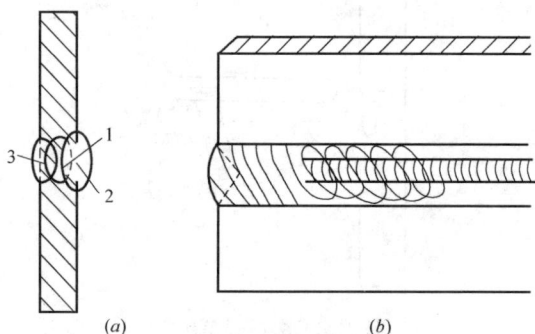

图 2-34　V 形坡口对接横焊

4mm 的焊条，通常采用斜环形运条法焊接，如图 2-34（b）所示。

当 V 形厚板对接横焊时，应采用多层多道焊，这样能更好地防止熔化金属的下流而形成焊瘤。焊接条件为：焊条直径 3.2mm 或 4mm，运条方法为直线形或小斜环形，焊条角度应根据焊缝各层、道的情况确定，各道及各层的焊条角度如图 2-35～图 2-38 所示。同时始终保持短弧焊接，而且速度要均匀。开坡口对接横焊时焊缝各层、道的排列顺序如图 2-39 所示。

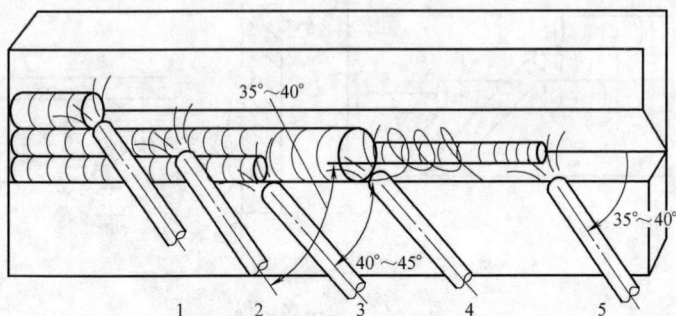

图 2-35 开坡口对接横焊各焊道焊条角度的选择

1、2、3—直线形；4—直线或直线往复形；5—斜环形

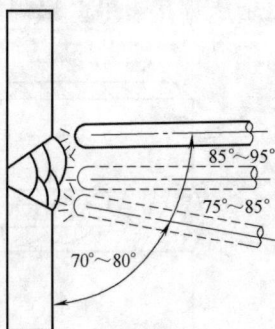

图 2-36 多道焊条角度

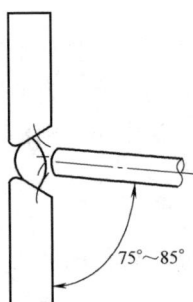

图 2-37 单道焊条角度

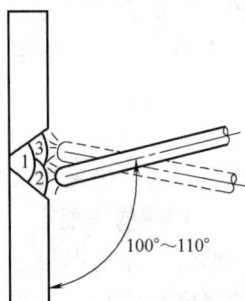

图 2-38 开坡口焊条角度

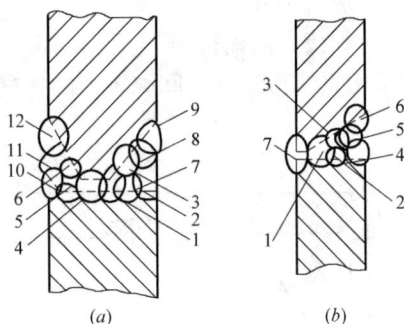

图 2-39 开坡口对接横焊焊缝各层、道的排列顺序

(a) X 形坡口；(b) I 形坡口双面焊

2.5.4 仰焊操作

1. 仰焊的特点及措施

仰焊是指焊件在面部上方的一种焊接方法。仰焊时，必须保持最短的电弧长度，以使熔滴在很短的时间内，从焊条末端过渡到熔池中去。

电弧长度：仰焊时，由于熔池金属倒悬在焊件下面，没有固体金属的承托，所以焊缝成形困难。同时，施焊中常发生熔渣越前的现象。因此，仰焊时必须保持最短的电弧长度，以使熔滴在很短时间内过渡到熔池中，在表面张力的作用下，很快与熔池的液体金属汇合，促使焊缝成形。

焊条直径和焊接电流：为了减小熔池面积，要选择比平焊时还小的焊条直径和焊接电流。若电流与焊条直径太大，致使熔池体积增大，易造成熔化金属向下淌落；如果电流太小，则根部不易焊透，易产生夹渣及焊缝不良等缺陷。

2. 仰焊操作要点

仰焊操作基本与立焊、横焊相同，其焊条与焊件的夹角和焊件的厚度有关。

（1）不开坡口的对接仰焊：当焊件的厚度为 4mm 左右时，可采用 3.2mm 焊条进行不开坡口对接仰焊。焊条的位置应与焊缝两侧成 90°，并沿焊接方向保持 70°～80°，如图 2-40 所示。间隙小的接缝，可采用直线形运条；间隙较大的接缝，用往复直线形运条。

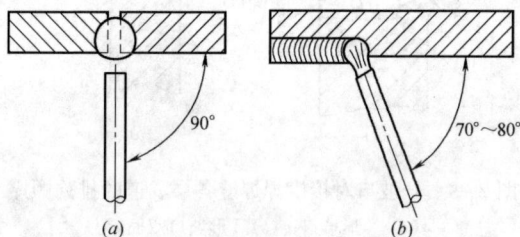

图 2-40　仰焊时焊条角度的选择

（a）焊条与焊件的左右夹角；（b）焊条与其焊接前进方向的夹角

（2）开坡口的对接仰焊：进行开坡口仰脸对接焊时，一般采用多层焊或多层多道焊。焊第一层时，采用直径 3.2mm 的焊条和直线形或直线往返形运条法。在开始焊时，应用长弧预热起焊处（预热时间与焊接厚度、钝边及间隙大小有关），烤热后，迅速压短电弧于坡口根部，稍停 2～3s，以便焊透根部，然后将电弧向前移动进行施焊。施焊时，焊条沿焊接方向移动的速度，应该是在保证焊透的前提下尽可能快一些，以防烧穿及熔化金属下淌。第一层焊缝表面要求平直，避免呈凸形。焊第二层时，应将第一层的熔渣及飞溅金属清除干净，并将焊瘤铲平，第二层以后的运条法均可采用月牙形或锯齿形运条法，如图 2-41 所示。运条时焊缝两侧应稍停一下，焊缝中间快一些，以形成较薄的焊道。

　　用多层多道焊时，可采用直线形运条法。各层焊缝的排列顺序与其他位置的焊缝一样，焊条角度应根据每道焊缝的位置作相应的调整，以利于熔滴的过渡和获得较好的焊缝成形。

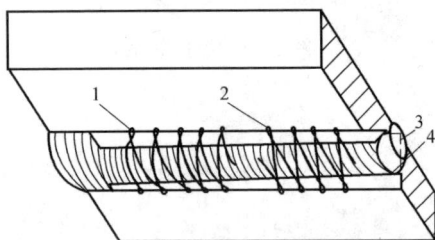

图 2-41　开坡口对接仰焊时的运条方法

　　（3）T 形接头仰焊：T 形接头的仰焊要比坡口仰焊容易掌握，焊脚在 6mm 以下时，宜采用单层焊；焊脚超过 6mm 时，可采用多层焊或多层多道焊。焊接过程中的注意事项与坡口对接仰焊时相同。

　　T 形接头单层仰焊时，焊条直径宜采用 3.2mm 或 4mm，焊

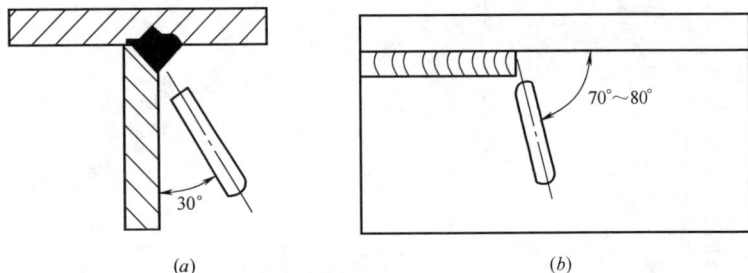

图 2-42　T 形接头仰焊时焊条角度的选择
(a) 焊条与垂直焊件的夹角；(b) 焊条与其焊接前进方向夹角

条角度如图 2-42 所示。运条方法为直线形或往复直线形，当进行多层焊和多层多道焊时，运条方法可采用斜环形或斜三角形。焊缝排列对称原则如图 2-43 所示。

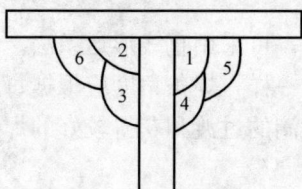

图 2-43　焊接顺序

3 埋 弧 焊

埋弧焊所采用的是盘状连续的光焊丝在散粒状焊剂下燃弧焊接，散粒状焊剂的作用与手工焊焊条的药皮相同。自动焊的引弧、焊丝送下、焊剂堆落和焊丝沿焊缝方向的移动都是自动的。而半自动焊的焊接前进方式仍是依靠手持焊枪移动。

埋弧焊的优点是与大气隔离保护效果好，且无金属飞溅，弧光不外露；可采用较大电流使熔深加大，相应可减小对接焊件间隙和坡口角度；节省焊丝和电能，劳动条件好，生产效率高；焊缝质量稳定可靠，塑性和韧性比较好。其缺点是焊前装配要求严格，施焊位置受限制，较适用于长直的水平俯焊缝或倾角不大的斜面焊缝，不如手工焊灵活。

3.1 焊接设备、材料及其使用维护

3.1.1 埋弧焊机检查、使用

1. 埋弧焊机传动机构检查要点

（1）减速箱油槽中的润滑油油量、油质应符合使用说明书要求。

（2）送丝滚轮沟槽、齿纹应完好，滚轮和导电嘴（块）应接触良好，不应有磨损。

（3）软管式送丝机的软管槽孔应清洁，应定期吹洗。

（4）导电部分的螺栓及接触面是否牢固和清洁，接线板防护罩应盖好，以免发生触电危险。

（5）自动焊机的转动部分是否灵活，有无润滑油，否则应修理或加润滑油。

（6）机头的焊丝传动轮，压紧轮和导电嘴，是否磨损，应调整焊丝压紧轮及导电装置中的夹紧力，保证焊丝正常输送，焊丝从导电嘴伸出 20mm 时，其末端在垂直方向的允许偏差为 1mm。导电嘴伸出长度是否合适。

（7）送丝速度和小车行走是否正常，配合是否协调，是否与选用的规范一致，对设有焊剂自动输送和回收装置的机头，应检查输送和回收回路有无堵塞现象。

（8）对软管式自动焊机应检查软管有无堵塞现象，每月必须清理软管槽孔一次，然后用干净的压缩空气进行清扫。

2. 埋弧焊电气系统检查要点

（1）控制线路的保险丝规格是否符合要求，有无烧断现象。

（2）控制电路三相网路电压是否与铭牌要求相符，各部接线有无接错，绝缘是否良好。

（3）焊接导线长度不应大于 30m，截面积不应小于 $50mm^2$。

（4）电源及控制电路定时应准确，允许误差不应大于 5%。

（5）电源电缆和控制电缆连接应正确、牢固；控制箱的外壳应可靠接地；控制箱的外壳和接线板上的罩壳应盖好。

（6）对于设有电动机-发电机系统的控制线路，应检查电动机的转向是否符合要求，如反向，应将引入控制线路的三相线调相。

（7）检查控制板上控制按钮工作情况，并通过控制按钮，检查各电气控制部件是否工作正常灵敏。如有问题应及时排除。

3. 埋弧焊使用注意事项

（1）变压器门和控制箱门除检查需要外，不应打开，以免灰尘进入箱内，影响机件的工作性能和安全。

（2）应经常检查弧焊设备的风扇、控制系统的电动机-发电机组及焊机送丝、行走机械是否过热，如果温升超过规定要求，应及时检查原因，并排除故障。

（3）应经常检查导电嘴和焊丝接触情况，如果发现导电嘴送丝孔径太大，或焊丝发红、接触不良，应及时停机更换导电嘴。

（4）焊丝送丝机构应定期检查，如发现焊丝打滑，应调整夹紧机构。送丝轮和夹紧轮磨损严重应予以更换。应及时排除焊丝紊乱，注意焊剂的输送和回收是否正常。

（5）应注意保护好两端多芯插头，并固定牢靠，严禁工件碾压控制导线。

3.1.2　埋弧自动焊机的常见故障及排除

埋弧自动焊机应定期检查、保养维修、排除故障和隐患。电流表、电压表应定期校对，以保证灵敏准确。

埋弧自动焊机的常见故障、产生原因及排除方法见表 3-1。

埋弧自动焊机的常见故障产生原因及排除方法　　表 3-1

故障	产生原因	排除方法
按焊丝"向上"、"下向"按钮时，焊丝送进方向不对或不送进	（1）控制电路的故障，如按钮接触不良； （2）电动机供电回路中触点断路或损坏、辅助变压器故障、整流器损坏等； （3）电动机旋转方向接反发电机或电动机电刷接触不良	（1）检查、修复控制电路； （2）修理或更换故障器件，更换电动机输入接线； （3）调整电机电刷
按"启动"按钮时，线路工作正常，但引不起电弧	（1）焊接电源未接通； （2）焊丝与工件接触不良	（1）检修接触器，接通弧焊电流； （2）清理焊丝与工件接触点
按"启动"按钮后，焊丝一直向上反抽	（1）电弧反馈线未接或断开； （2）启动按钮故障，当按钮回复原位时，一个常闭触点不闭合	（1）接好反馈线； （2）修理或更换启动按钮
线路工作正常而焊丝送进不均匀，电弧不稳	（1）焊丝送进压紧滚轮松动； （2）焊丝被卡住； （3）焊丝送进机构故障； （4）网路电压波动过大	（1）调整或更换送丝滚轮； （2）清理焊丝； （3）检修送丝机构； （4）焊机使用稳压电源

53

故障	产生原因	排除方法
按"启动"按钮后,焊接过程正常,但焊车突然停止行走	(1)焊车离合器已脱开; (2)焊车有阻挡物	(1)检查、旋紧离合器; (2)排除阻挡物
焊丝没有与焊件接触,但焊接回路有电流	焊车与工件间绝缘损坏	检查绝缘部分,并修理
焊接过程中,焊丝周期性与工件粘住或常常断弧	(1)电弧电压太低或焊接电流过小造成焊丝与工件周期性地粘住; (2)电弧电压太高或焊接电流太大,造成断弧	合理控制焊接参数

3.1.3 焊剂与焊丝的选配

焊剂与焊丝的选配主要是根据被焊钢材的类别及对焊接接头性能的要求进行焊丝的选择,并选择适当的焊剂相配合。对低碳钢、低合金高强钢的焊接焊丝,应与母材强度相匹配;对耐热钢、不锈钢的焊接焊丝,应与母材成分相匹配;堆焊时应根据对堆焊层的技术要求、使用性能等,选择合金系统相近成分的焊丝并选用合适的焊剂。

还应根据所焊产品的技术要求(如坡口和接头形式、焊后加工工艺等)和生产条件,选择合适的焊剂与焊丝组合,必要时应进行焊接工艺评定,检测焊缝金属的力学性能、耐腐蚀性、抗裂性以及焊剂的工艺性能,以考核所选焊材是否合适。

1. 低碳钢埋弧焊焊剂与焊丝的选配

对于低碳钢,选用高锰高硅低氟焊剂时,配合 H08A 或 H08E,目前常用的为 H08A+HJ431(HJ430、HJ433、HJ434)组合。选用中锰、低锰或无锰的高硅低氟焊剂时,应选配含锰较高的焊丝,才能保证在焊接过程中有足够数量的锰、硅过渡到熔池，保证焊缝脱氧和力学性能。常用低碳钢的埋弧焊焊剂与配用焊丝见表 3-2。

常用烧结焊剂与焊丝的组合如下：

（1）（H08A、H08E）＋（SJ401、SJ402）SJ401 抗气孔能力强，SJ402 抗锈能力强，适于薄板和中厚板的焊接；其中 SJ402 更适于薄板的高速焊接。

（2）（H08A、H08E）＋（SJ301、SJ302）焊接工艺性能良好，熔渣属"短渣"性质，焊接时不下淌，适于环缝的焊接，其中 SJ302 的脱渣性、抗吸潮性和抗裂性更好，焊剂的消耗量低。

（3）（H08A、H08E、H08MnA）＋（SJ501、SJ502、SJ503、SJ504）焊接工艺性能良好，易脱渣，焊缝成形美观。其中 SJ501 抗气孔能力强，主要用于多丝快速焊，特别适合双面单道焊；SJ502、SJ504 适于锅炉压力容器的快速焊；SJ503 抗气孔能力更强，焊缝金属低温韧性好，适于中、厚板的焊接。

常用低碳钢的埋弧焊焊剂与配用焊丝　　表 3-2

钢号	烧结焊剂与配用焊丝		熔炼焊剂与配用焊丝	
	烧结焊剂	配用焊丝	熔炼焊剂	配用焊丝
Q235	SJ401,SJ403,SJ402(薄板、中厚板)	H08A,H08E	HJ431,HJ430	H08A,H08MnA
Q255				
Q275				
15,20	SJ301,SJ302,SJ502,SJ501,SJ503(中厚度板)	H08A,H08E,H08MnA	HJ431,HJ430,HJ330	H08A,H08MnA
25,30				H08MnA,H10Mn2
20g,22g				H08mNA,H08mNsI,H10Mn2
10R				H08MnA

2. 低合金钢埋弧焊焊剂与焊丝的选配

埋弧焊焊接低合金钢时主要用于热轧正火钢。选用焊剂与焊丝时应保证焊缝金属的力学性能，应选用与母材强度相当的焊接材料，并综合考虑焊缝金属的冲击韧性、塑性及焊接接头的抗裂性。焊缝金属的强度不宜过高，通常控制在不低于或略高于母材强度，过高会导致焊缝金属的冲击韧性、塑性及焊接接头抗裂性降低。

对调质钢，为避免热影响区韧性和塑性的降低，一般不采用粗丝、大电流、多丝埋弧焊，采用陶质焊剂 572F-6＋HJ350 的混合焊剂（其中 HJ350 占 80%～82%），配合 H18CrMoA 焊丝可实现 30CrMnSiNi2A 的埋弧焊接。

3.2 焊接工艺参数选择

3.2.1 主要焊接工艺参数

埋弧自动焊主要焊接工艺参数包括：焊接电流、电弧电压、焊接速度、焊丝直径、电流种类和极性，其次是焊丝伸出长度、焊剂粒度和焊剂层厚度、上坡焊或下坡焊的倾角等。

3.2.2 焊接工艺参数选择

1. 焊接电流

对于同一直径的焊丝来说，熔深与焊接电流成正比，焊接电流对熔池宽度的影响较小。焊接电流过大，容易产生咬边和成形不良，使热影响区增大，甚至造成烧穿；若焊接电流过小，使熔深减小，容易产生未焊透，而且电弧的稳定性也差。

2. 电弧电压

电弧电压与电弧长度成正比。在其他参数不变的条件下，随着电弧电压的提高，焊缝的宽度明显增大，而熔深和焊缝余高则略有减小。电弧电压过高时，会形成浅而宽的焊道，从而导致未焊透和咬边等缺陷。降低电弧电压，能增大熔深，但会形成高而窄的焊道，使边缘熔合不良。电弧电压要与焊接电流匹配，可参考表 3-3。

电弧电压与焊接电流的配合　　　　　　　表 3-3

焊接电流（A）	600～700	700～850	850～1000	1000～1200
电弧电压（V）	36～38	38～40	40～42	42～44

注：焊丝直径 5mm，交流。

3. 焊接速度

焊接速度对熔宽和熔深有明显的影响。在其他参数不变的条件下，当焊接速度较低时，焊接速度的变化对熔深影响较小；但当焊接速度较大时，由于电弧对母材的加热量明显减小，熔深显著下降。焊接速度应与所选定的焊接电流、电弧电压适当匹配。

4. 焊丝直径

焊丝直径主要影响熔深，焊丝直径的选择应取决于焊件厚度和焊接电流值。

每一直径的焊丝有一个合适的焊接电流范围，埋弧焊时，不同直径焊丝的适用焊接电流范围，见表 3-4。

不同直径焊丝的适用焊接电流范围　　　　　　表 3-4

焊丝直径（mm）	2	3	4	5	6
电流密度（A/mm²）	63～125	50～85	40～63	35～50	28～42
焊接电流（A）	200～400	350～600	500～800	700～1000	820～1200

5. 焊丝伸出长度

焊丝伸出长度一般指由导电嘴下端到焊件表面的距离。伸出长度决定导电嘴的高度，也决定焊剂层的厚度，最短伸出长度以不产生明弧为准，但也不能过长，过长会使焊丝受电流电阻热的预热作用增强，造成焊缝成形不良，同时也影响焊缝的平直性。若伸出长度太短时，易烧坏导电嘴或引起焊接热裂纹，危害性很大。

6. 焊剂粒度和堆高

一般工件厚度较薄、焊接电流较小时，可采用较小颗粒度的焊剂。埋弧焊时焊剂的堆积高度称为堆高。当堆高合适时，电弧被完全埋在焊剂层下，不会长时间出现电弧闪光，保护良好。若堆高过厚，电弧受到焊剂层的压迫，透气性变差，使焊缝表面变得粗糙，容易造成焊缝成形不良。

7. 电流种类和极性

采用含氟焊剂焊接时，直流反极性（反接法）形成熔深大、熔宽较小的焊缝；直流正极性（正接法）形成扁平的焊缝，而且熔深小；交流时介于上述两者之间。

8. 焊丝倾斜角度和焊件倾斜角度

单丝埋弧焊时，焊丝都要垂直于焊件表面。

焊丝后倾时，电弧对熔池底部作用加强，熔深增加，熔宽减小，导致焊缝成形严重变坏，而且焊缝易产生气孔和裂纹，所以一般不采用焊丝后倾。

焊丝前倾时，电弧对熔池底部液态金属排开作用减弱，由于电弧指向焊接方向，对熔池前面焊件母材金属的预热作用加强，而且熔宽较大，但熔深有所减小，焊缝平滑，不易发生咬边。所以，在高速焊时，应将焊丝前倾布置。

3.3 焊接基本操作

埋弧焊可在平焊和横焊位置完成对接、角接、T形接、搭接和塞焊焊缝。接头形式取决于焊件的结构特点和受力条件，应根据板厚和技术要求，对接和角接接头可加工成 I 形、V 形、U 形、Y 形、X 形和 K 形坡口。

3.3.1 焊前检查

（1）焊接前尚应按工艺文件的要求调整焊接电流、电弧电压、焊接速度、送丝速度等参数后方可正式施焊。

（2）施焊前，应复核焊接件的接头质量和焊接区域的坡口、间隙、钝边等的处理情况。当发现有不符合要求时，应修整合格后方可施焊。

（3）对于非密闭的隐蔽部位，应按施工图的要求进行涂层处理后，方可进行组装；对刨平顶紧的部位，必须经质量部门检验合格后才能施焊。

3.3.2 定位焊

必须由持相应合格证的焊工施焊，所用焊接材料应与正式施焊相当。定位焊焊缝应与最终焊缝有相同的质量要求。定位焊采用的焊材型号应与焊件材质相匹配。

（1）定位焊焊脚尺寸不宜超过设计焊缝厚度的2/3，且不应大于6mm。长焊缝焊接时，定位焊缝长度不宜小于50mm，焊缝间距500～600mm，并应填满弧坑。

（2）定位焊的位置应布置在焊道以内。如遇有焊缝交叉时，定位焊缝应离交叉处50mm以上。

（3）定位焊缝的余高不应过高，定位焊缝的两端应与母材平缓过渡，以防止正式焊接时产生未焊透等缺陷。

（4）如定位焊缝开裂，必须将裂纹处的焊缝铲除后重新定位焊。在定位焊之后，如出现接口不平齐，应进行校正，然后才能正式焊接。

（5）定位焊缝不得有裂纹、夹渣、焊瘤等缺陷。焊前必须清除焊接区的有害物。

3.3.3 引弧及收弧

1. 引弧

不应在焊缝以外的母材上打火引弧。

焊丝回抽引弧法是 MZ 型埋弧焊机的引弧方法。引弧时先将光洁的焊丝沿导电嘴向下缓慢送进至接触到焊件为止。启动焊接按钮，焊丝与焊件短接，电动机反转回抽焊丝而引燃电弧，当电弧电压升到设定的给定值时电动机换向正转，并以设定的速度向下送丝，开始正常的焊接过程。

T形接头、十字形接头、角接接头和对接接头主焊缝两端，必须配置引弧板引出板，其材质应和被焊母材相同，坡口形式应与被焊焊缝相同，禁止使用其他材质的材料充当引弧板和引出板。

焊道两端加引弧板和熄弧板，引弧和熄弧焊缝长度应大于或等于 80mm。引弧和熄弧板长度应大于或等于 150mm。引弧和熄弧板应采用气割的方法切除，并修磨平整，不得用锤击落。

2. 收弧

焊接结束收弧时，由于焊接熔池体积较大，会形成较大弧坑而产生焊接缺陷，因此收弧时须填满弧坑。此时将停止键按下一半焊接小车停止行走，但焊接电源并未切断，焊丝继续向下送给、电弧仍在燃烧一段时间并填满弧坑，再次按下停止按钮切断电源停止送丝而完成焊接。

3.3.4 电弧长度控制及焊丝位置调整

1. 电弧长度控制

电弧长度与电弧电压成正比，保持电弧长度为设定值是良好焊缝成形的必要条件。

电弧可通过电弧电压来控制，操作时将电弧电压调节到设定值，起弧后应注意表压指示，如有偏差则调节送丝速度使电弧电压稳定到设定值。

2. 焊丝位置调整

焊丝的位置是指焊丝中心与焊缝中心的相对位置，在直边对接和开坡口焊缝根部焊道焊接时，首先应将机头前的指示针（灯）对准焊缝中心，并向下送丝焊丝接触到焊道中心。

导电嘴的送丝孔径应不大焊丝直径的 30%，且不大于1.5mm。导电嘴孔径过大时，焊丝在送丝过程中会摆动，造成焊缝成型不规则，焊道扭曲。

角焊缝的平角焊时，焊丝中心的位置应向工件底板平移焊丝直径的 1/4～1/2，且按底板和立板的厚度差而定，在要求较大焊角尺寸时应选择较大的偏移量。

3.3.5　多层焊、盖面焊

厚度 12mm 以下板材，可不开坡口，采用双面焊，正面焊电流稍大，熔深达 65％～70％，反面达 40％～55％。厚度大于 12～20mm 的板材，单面焊后，背面清根，再进行焊接。厚度较大板，开坡口焊，一般采用手工打底焊。

多层焊时，一般每层焊高为 4～5mm，多道焊时，焊丝离坡口面 3～4mm 处焊。

填充层总厚度低于母材表面 1～2mm，稍凹，不得熔化坡口边。

盖面层使焊缝对坡口熔宽每边 3±1mm，调整焊速，使余高为 0～3mm。

4 手工钨极氩弧焊

手工钨极氩弧焊是用高熔点钨棒作为电极材料，在氩气气流的保护下，钨极与焊件之间引燃电弧，利用电弧热量熔化加入的填充焊丝和基本金属，冷却凝固之后形成焊缝的一种焊接方法。

4.1 焊接设备及其使用

氩弧焊几乎可以焊接所有金属材料，特别适宜焊接化学性质活泼的金属材料，如铝、镁、铜、钛、低合金钢、不锈钢及耐热钢等合金材料的焊接，焊接质量好。

4.1.1 手工钨极氩弧焊设备的组成

手工钨极氩弧焊设备是由电源、供气和供水系统、焊接控制系统、焊枪等部分组成在小型设备中系统为自然风冷。

1. 焊接电源

手工钨极氩弧焊，可用交直流两种电源进行焊接。

2. 焊接控制系统

焊接控制系统主要是控制箱，控制箱的作用是控制引弧、控制气路和水路系统。引弧器主要有高频引弧器和脉冲引弧器等。

3. 供气系统

供气系统主要由氩气瓶、减压器、流量计和电磁气阀等组成。

4. 水路系统

通水的目的是用水来冷却焊接电缆和焊枪、钨极，若使用电流小于 150A 时则可不需要水冷却，各种便携式焊机中无此装置，为了保证设备使用的安全性，在水路中装有水压开关。

5. 焊枪

焊枪的作用为夹持钨极，传导电流和输送氩气等，焊枪有水冷式或空冷式两种，空冷式焊枪使用的最大焊接电流为 150A，水冷式焊枪的使用焊接电流大于 150A。

4.1.2 氩弧焊机的检查及使用

（1）焊机应按外部接线图正确连接，并检查焊机铭牌电压与网路电压值是否相符，不符时不得使用。

（2）使用前检查气路连接是否正确、接线是否良好。

（3）焊机必须可靠接地，未接地不得使用。

（4）应经常检查焊炬上钨棒夹头夹紧情况和喷嘴的绝缘性能是否良好。

（5）接通电源开关后，指示灯亮检查风扇转动方向是否正确。

（6）打开气瓶旋扭检查是否漏气，将焊机上检气/焊接开关拨向检气位置，调节气体至所需流量调好再将其拨向焊接位置。

（7）工作完毕后，关气瓶阀等焊机稍稍冷却后关闭电源开关、切断输入电源。

4.1.3 钨极氩弧焊机的常见故障及排除

钨极氩弧焊机的常见故障及排除方法见表 4-1。

钨极氩弧焊机常见故障及排除方法　　　　表 4-1

故障现象	产生原因	维修方法
无高频产生	（1）电源保险(15A)断路； （2）火花间隙太大或断路； （3）焊接电缆未连接； （4）选择开关置于手工焊位置	（1）更换电源保险； （2）调整火花间隙； （3）连接焊接电缆； （4）选择开关位于 TIG 位置

故障现象	产生原因	维修方法
有高频产生但不能引燃电弧	(1)母材侧电缆未连接或接触不良； (2)焊枪电缆未连接或接触不良； (3)钨极与母材金属距离太远； (4)供电电压太低,低于170V； (5)工件表面不干净	(1)重新连接； (2)检查焊枪电缆并重新连接； (3)缩短钨极与母材的距离； (4)提高供电电压； (5)清除工件表面不洁物质
引弧困难电弧不稳定	(1)对应电流所选用的钨极太粗； (2)采用了纯钨极； (3)保护气体过量； (4)焊枪电缆接触不良； (5)焊枪快速接头插座与外壳绝缘电阻太小	(1)减小钨极直径； (2)采用钍钨棒或铈钨棒； (3)减少保护气体流量； (4)紧固焊接电缆； (5)更换焊枪快速接头插头
保护气体流量不足	(1)气管中间弯曲； (2)焊枪被灰尘堵塞； (3)焊枪接头气管脱落； (4)气阀不动作； (5)气阀失灵； (6)气管或接头漏气	(1)将气管顺直； (2)消除焊枪内的灰尘； (3)检查枪内气管接头； (4)检气阀的供电电压力； (5)更换气阀； (6)紧固气管接头

4.2 焊接工艺参数选择

钨极氩弧焊可以使用交流和直流两种电源,采用直流电源时以正接法用得最多。铝、镁及其合金钨极氩弧焊时,一般选择的是交流电源。除铝、镁及其合金外,应尽量采用直流正接。

4.2.1 主要焊接工艺参数

手工钨极氩弧焊主要焊接工艺参数包括：焊接电流、电弧电压、焊接速度、钨极直径、喷嘴直径、氩气流量、焊丝直径、喷嘴至工作表面的距离和钨极伸出长度等。

4.2.2 焊接工艺参数的选择

1. 焊接电流

焊接电流需要根据焊件的材料与厚度来确定，焊接电流过大易引起咬边烧穿等缺陷；焊接电流过小易产生未焊透等缺陷，如图 4-1 所示。

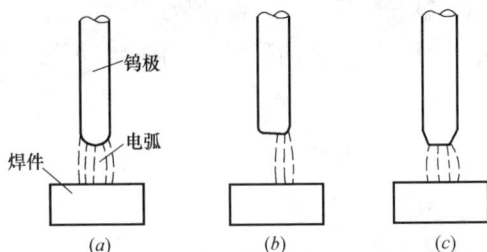

图 4-1 焊接电流和相应的电弧特征
(a) 电流正常；(b) 电流过小；(c) 电流过大

2. 电弧电压

电弧电压由电弧长度决定。弧长增大，电弧电压增高，焊道宽度增大，焊道厚度减小。电弧电压过高，不但未焊透并使氩气保护效果变差。故在不短路情况下，应尽量减小电弧长度。钨极氩弧焊的电弧电压一般为 $10\sim20V$。

3. 焊接速度

焊接速度的选择主要根据工件厚度决定，并和焊接电流、预热温度等配合以保证获得所需的焊道厚度和宽度。焊接速度加快时，氩气流量要相应加大。焊接速度过大，保护气流会严重偏后，可能使钨极端部、弧柱、熔池暴露在空气中，致使保护效果变差。

4. 钨极直径

钨极直径的大小应根据焊件的厚度和所用的焊接电流来选择。

5. 喷嘴的直径

喷嘴的直径是保证氩气从喷嘴流出后能严密地保护焊接熔池，喷嘴的直径太大会影响视线，不利于观察溶池的变化，太小则喷出的气体不能很好有效的保护熔池造成焊接缺陷所以喷嘴的大小应根据焊件的厚度来选择一般为 12~16mm。

6. 氩气流量

为了可靠地保护焊接区不受空气污染，必须有足够流量的保护气体。但不是氩气流量越大，保护效果越好。

对于一定直径（孔径）的喷嘴，气体流量可按下列经验公式确定：

$$Q=(0.8\sim1.2)D \tag{4-1}$$

式中　Q——氩气流量，L/min；

　　　D——喷嘴直径，mm。

7. 焊丝直径

合适的焊丝直径，有利于熔滴过渡和提高氩气的保护效果，焊丝直径的粗细对氩气产生的阻力也不尽相同，若焊丝过粗会降低氩气的保护效果，但焊丝也不宜过细，否则会使焊丝熔化过快，进而增加了焊丝的送进的频率，易使焊丝与钨极接触影响焊接的质量。

8. 电弧长度

电弧的长度是钨极与焊件之间的距离，电弧长度的增加会出现焊缝的宽度的增大和熔深的减小。当电弧过长时，易造成未焊透和氧化现象，故电弧的长度宜为 8~15mm。

9. 喷嘴至焊件的距离

喷嘴至焊件距离太高，保护气层受空气流动的影响而发生摆动，当焊枪沿焊接方向移动时，保护气流抵抗气阻力的能力会降低，空气易沿焊件表面分入熔池。为了使焊接熔池得到较好的保护，喷嘴到焊件的距离宜为 8～14mm。

10. 钨极伸出长度

钨极伸出长度是指钨极端头至喷嘴端面的距离。钨极伸出长度增大，喷嘴距焊件高度就要相应加大，喷嘴距焊件越远，氩气越容易受气流的影响而发生摆动，钨极伸出长度太小，不便于观察焊缝成形及送丝情况。

通常焊接对接焊缝时，钨极伸出长度宜为 3～6mm；焊接角接接头和 T 形接头的角焊缝时，钨极伸出长度宜为 7～8mm。

4.3　焊接基本操作

4.3.1　焊前清理、钨棒修磨及定位焊

1. 焊前清理

焊接前应把焊丝及坡口表面和周围一定宽度范围内的油垢、污物及氧化皮等完全去掉，清除油垢方法有，常用汽油乙醇、丙酮等擦洗或用溶剂去除。去除氧化皮，可采用机械方法，如不锈钢氧化皮可用砂纸打磨；对铝及其合金氧化皮可用钢丝刷或刮刀去除坡口内及表面的氧化皮，也采用化学方法去除。

2. 钨棒修磨

钨极棒使用前应按图 4-2 将钨棒端头 6～10mm 段磨成 15°～25°圆锥形。

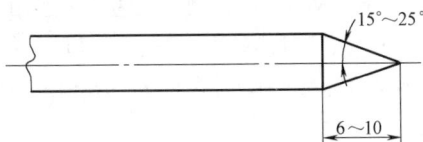

图 4-2　钨棒修磨示意图

当使用钍钨极棒时，操作人员应带防静电口罩和手套，砂轮机应装有吸尘装置，磨后洗手洗脸。

3. 定位焊

在焊接前为把焊件固定和防止焊件变形，必须根据焊件的厚度材料来定位焊的距离。定位焊时先焊焊件两端，然后在中间加定位焊点，待焊件边缘熔化形成熔池后再加入焊丝，且定位焊缝宽度应小于最终焊缝宽度。定位焊也可以不填加焊丝，直接利用母材的熔合进行定位。

定位焊之后必须矫正焊件，以保证不错边，并采用适当地反变形措施，以减小焊后变形。

4.3.2 引弧、填丝、接头、运条及收弧操作

1. 引弧

手工钨极氩弧焊常用的引弧方法是采用引弧器进行引弧，在使用装有引弧器的氩弧焊机时，先将钨极与被焊件之间保持一定的距离后，在接通引弧器，在高频电流和高压脉冲的作用下，使氩气电离而引燃电弧，这种引弧方法的优点是能在焊接位置直接引弧，钨极端头完整性好，钨极损耗小，焊接质量高，在焊接有色金属时被广泛应用。

对于无引弧器的简单直流氩弧焊机，可将钨极直接与紫铜引弧板接触，进行引弧，优点是焊接设备简单，但触点在钨极与紫铜板接触的过程中产生了很大的短路电流，使钨极端头容易烧损。

2. 填丝

（1）手工钨极氩弧焊的焊接方向，直缝一般由右向左，环缝由下向上。焊炬以一定速度前移，其倾角与焊件表面呈 70°～85°，焊丝置于熔池前面或侧面与焊件表面呈 15°～20°，如图 4-3 所示。

（2）在平焊及环缝焊接时，填充焊丝的送入方法有两种：

一种是将填充焊丝做往复运动，当填充焊丝末端送入电弧区

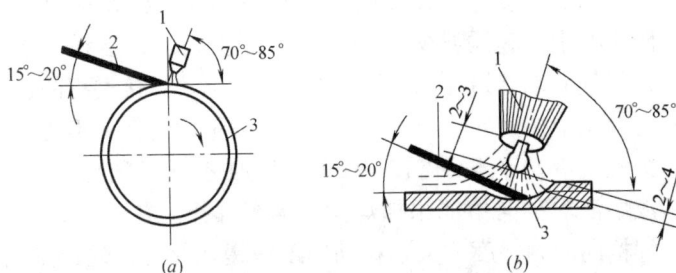

图 4-3　手工钨极氩弧焊时焊炬、焊丝的位置

（a）管子；（b）平板

1—焊炬；2—焊丝；3—焊件

熔池边缘上（离熔池前缘 1/4 处）被熔化后，将填充焊丝移出熔池，然后再将焊丝重复送入熔池，如图 4-4 所示。但填充焊丝不能离开氩气保护区，以免高温的填充焊丝末端被氧化，使焊接质量下降。

另一种是将填充焊丝末端紧靠熔池的前缘连续送入，采用这种方法焊接时，送丝速度必须与焊接速度相适应。适用于搭接焊缝和角接焊缝的焊接。

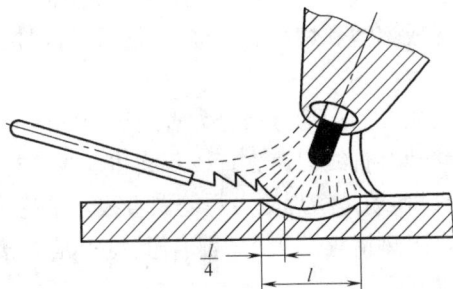

图 4-4　填充焊丝的送入示意图

（3）初始焊接时，焊接速度应慢些，多添加焊丝使焊缝增厚，防止产生"起弧裂纹"。焊接时左手拇指、食指和中指捏焊丝，让焊丝的末端始终在氩气保护区内，随着焊接过程的进行可按一定的频率往前均匀送丝，使焊接过程平稳进行，不扰动熔池和保护气流罩。停弧后需在熄弧处直接加热，直至收弧处开始熔化形成熔池后再向熔池添加焊丝，继续焊接。在焊接将要终止时，焊枪向后倾斜度增大，移动速度减慢，此时，送丝量增加，当熔池饱满时再熄弧。

（4）打底焊时，采用较小的焊枪倾角和较小的焊接电流。焊丝送入要均匀，焊枪移动要平稳，速度一致，焊接时，要密切注意焊接熔池的变化，随时调节有关工艺参数，保证背面焊缝成形良好。

3. 接头

当更换焊丝或暂停焊接时，松开焊枪上按钮开关并停止送丝，借焊机电流衰减熄弧，但焊枪仍需对准溶池进行保护，待其完全冷却后方能移开焊枪。

若焊机无电流衰减功能，应在松开按钮开关后稍抬高焊枪，待电弧熄灭、熔池完全冷却后移开焊枪。进行接头前，应先检查接头熄弧处弧坑质量。如果无氧化物等缺陷，则可直接进行接头焊接。如果有缺陷，则必须将缺陷修磨掉，并将其前端打磨成斜面，然后在弧坑右侧 15～20mm 处引弧，缓慢向左移动，待弧坑处开始熔化形成熔池和熔孔后，继续填丝维持焊接过程。

4. 运条

手工钨极氩弧焊的运动方法分为直线运动和横向运动两种。

（1）直线移动有直线匀速、直线断续和直线往复 3 种方式。

1）直线匀速移动是指焊枪沿焊缝做直线，平稳和匀速移动，适用于不锈钢，耐热钢等薄板的焊接，其特点是焊接过程稳定，氩气的保护效果好。

2）直线断续的移动是指焊枪在焊接过程中必须停留一段时间，以保证熔深，就是沿焊缝做直线移动过程是一个断续的前进过程，主要用于中厚板的焊接。

3）直线往复移动是指焊枪沿焊缝做直线往复的移动，其特点是控制热量和焊缝成形良好，以防止烧穿，主要用于焊接铝、镁及其合金的薄板。

（2）横向摆动是满足特殊要求的焊缝的接头形式而采取的小幅值的摆动，常用的有：月牙摆动、斜月牙摆动、n形摆动3种方式，如图4-5所示。

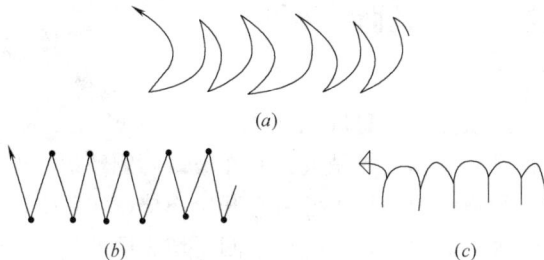

图 4-5　焊接运条方法
（a）月牙摆动；（b）斜月牙摆动；（c）n形摆动

1）月牙摆动适用于大的T形接头，厚板的搭接接头以及中厚板开坡口的接头，焊接时焊枪应在两侧停留时间稍长些，而焊缝中心运动时速度应加快，从而获得优质的焊缝。

2）锯齿形接头，主要用于焊接焊枪偏向突出部分，焊接到突出部分时应有停留以熔化突出部分，并不加焊丝或少加焊丝。

3）n形摆动是焊枪类似n形的运动，这种方法适用于不等厚度的厚板的焊接，焊接时焊枪不但做n形运动，而且电弧要偏向厚板，使电弧在厚板一边停留以控制两边的熔化程度，要防止薄板烧穿而厚板未焊透的缺陷。

5. 收弧

当焊接结束时，可能由于收弧的方法不正确，在收弧处容易发生弧坑裂缝，气孔以及焊穿等缺陷。常用的有以下3种方法：

（1）增加焊速法：到焊接终止位置时，焊枪的速度逐渐增加并减少送丝量，甚至不填焊丝，使焊接熔池逐渐缩小直至母材不再熔化为止。

（2）电流衰减法：到焊接终止时，停止送焊丝并使焊接电流逐渐减小或切断电源，从而使熔池的体积不断地缩小直至断电，这种方法是手工或机械化钨极氩弧焊常常采用的收弧方法。

（3）采用收弧板法：就是把熔池引到与焊件相连的另一块板上，焊后再将收弧板去掉。

4.3.3 填充焊、盖面焊操作

1. 填充焊

填充层焊接操作与打底层相同。焊接时焊枪可做圆弧"之"字形横向摆动，其幅度应稍大，并在坡口两侧停留，保证坡口两侧熔合好，焊道均匀。从工件右端开始焊接，注意熔池两侧熔合情况，保证焊缝表面平整，且稍下凹，填充层的焊道焊完后应比焊件表面低 1.0～1.5mm，以免坡口边缘熔化导致盖面层产生咬边或焊偏现象，焊完后将焊道表面清理干净。

2. 盖面焊

盖面层焊接操作与填充层基本相同。操作是要加大焊枪的摆动幅度，保证溶池两侧超过坡口边缘 0.5～1mm，并按焊缝余高决定填丝速度与焊接速度，尽可能保持焊缝速度均匀，熄弧时必须填满弧坑。

4.3.4 气体保护熔池的方法

在氩弧焊时，进行对接缝和 T 形焊缝进行焊接时，其结构具有良好的气体保护效果，则焊接不必采用其他的保护措施，如图 4-6 所示。

有些接口形式在无任何保护措施时，会使焊接质量变差。为了保证焊缝的质量，可以在焊接区域设置临时性的挡板，以改进保护条件，如图 4-7 所示。

对于焊接质量要求较高的焊件，氩弧焊时，除正面受到氩气

图 4-6 不加挡板焊口

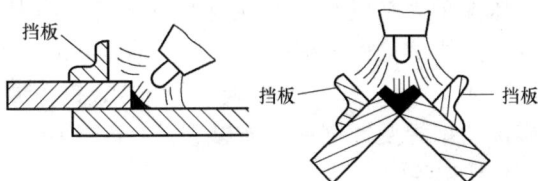

图 4-7 氩弧焊时的临时挡板

的保护外,在焊件反面也要进行保护,此时可另加附加装置。对于管子的对接焊缝,可以直接在管内通入氩气进行保护,如图4-8（a）所示;对于板状工件,可在焊件背面安放一充气罩,里面通入氩气进行保护,如图4-8（b）所示,充气罩在焊接过程中可和焊炬作同步移动。

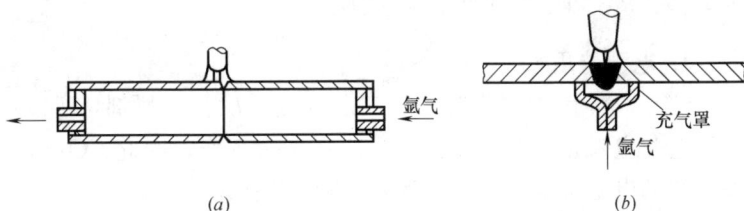

（a）   （b）

图 4-8 氩弧焊时的背面保护装置

（a）直接通入氩气进行保护;（b）利用充气罩通入氢气进行保护

5　熔化极气体保护焊

气体保护焊是利用 CO_2 气体或其他惰性气体作为保护介质的一种电弧熔焊方法。它直接依靠保护气体在电弧周围造成局部的保护层，以防止有害气体的侵入并保证了焊接过程的稳定性。

CO_2 气体保护焊是以 CO_2 作为保护气体的气体保护焊，也是一种气体保护的熔化极电弧焊。CO_2 气体保护焊是我国重点推广的一种焊接技术，主要用于低碳钢及低合金钢等焊接，也适用于易损零件的堆焊及铸钢件的补焊等。本章以 CO_2 气体保护焊为例，介绍其相关内容。

5.1　焊接设备（材料）及其使用与维护

CO_2 气体保护焊根据自动化程度分全自动 CO_2 气体保护焊和半自动 CO_2 气体保护焊两种，半自动 CO_2 气体保护焊焊机一般由弧焊电源、送丝机构、焊丝、气体等部分组成。

5.1.1　焊接设备（材料）选用

1. 电源选用

CO_2 气体保护焊通常采用实芯焊丝，没有稳弧剂，所以用交流电时电弧不稳定，飞溅大，难以正常工作，因此 CO_2 气体保护焊的电源都采用直流电流和反极性连接。

为保证焊接工艺参数在焊接过程中的稳定，采用细丝 CO_2 气体保护焊时，为等速送丝配合平特性电源；采用粗丝 CO_2 气体保护焊时，为变速送丝配合陡降特性电源。

CO_2 气体保护焊陡降特性整流电源的型号是 ZX 型（二极管整流加饱和抗器）、ZX5 型（晶闸管整流）、适用于粗丝焊。同

74

时具有两种特性的型号是 ZD 型（磁放大器式）、ZD5 型（晶闸管式）。

2. CO_2 气体要求

CO_2 气体的纯度将对焊接质量产生很大影响。因此要求 CO_2 气体的纯度必须达 99.5％以上，含水量要小于 0.0066％，对比较重要的焊件一般要求 CO_2 气体纯度大于 99.9％，必要时加入惰性气体 Ar 等气体形成混合气体。

为保证焊接质量，CO_2 气体含水量和含氮量均不得超 0.005％，为达到上述要求，可采取下列措施：

（1）将气瓶倒置 1～2h，待水沉积于瓶口部，打开瓶阀，放出自由状态的水。

（2）使用前，先将瓶内杂气放掉，一般 1～2min 即可。

（3）在气路中串联干燥器，以进一步减少 CO_2 气体中的水分。

3. 焊丝的选配

二氧化碳气体保护焊实芯焊丝应根据母材牌号、等级选配。

5.1.2 焊接设备检查

（1）整机应具备防尘、防水、防烟雾等功能。气体瓶宜放在阴凉处，并应放置牢靠，不得靠近热源。

（2）减速机传动应平稳，送丝应匀速，电弧燃烧应稳定。

（3）电压、电流调节装置、熔滴和熔池短路过渡应良好。

（4）焊丝的进给机构、电线的连接部分、气体的供应系统及冷却水循环系统符合使用说明书要求，焊枪冷却水系统不得漏水。

5.1.3 CO_2 气体保护焊机的使用和保养

（1）焊机应按外部接线图正确安装，焊机外壳必须可靠接地。

（2）经常检查电源和控制部分的接触器及继电器具等触点的工作情况，发现损坏，应及时修理和更换。

（3）必须定期检查半自动送丝软管及弹簧管的工作情况。

（4）经常检查送丝滚轮压紧情况和磨损程度，导电嘴焊丝的接触情况，导电嘴孔径磨损严重时要及时更换。

（5）送丝电机和焊车电机要定期检查碳刷磨损情况，严重磨损时要及时更换。

（6）经常检查焊枪喷嘴与导电杆之间的绝缘情况，防止焊枪喷嘴带电，检查预热器工作情况，保证预热器正常工作。

（7）工作完毕必须切断焊机电源，关闭气源。

（8）必须建立定期维修制度，操作者应掌握焊机的一般构造、电气原理和使用方法。

5.1.4 CO_2 焊接设备的常见故障及排除

CO_2 焊接设备的常见故障及排除方法见表 5-1。

CO_2 焊接设备的常见故障及排除方法 表 5-1

故障种类	产生原因	排除方法
气体没有进入焊接手把	(1)气瓶中没有气体； (2)气体管道有故障	(1)换上装有气体的钢瓶； (2)检查气体管道,并排除故障
气路结合处漏气	(1)气瓶与减压器连接螺母过松； (2)减压器与干燥器连接螺母过松； (3)气体管道结合处不严密	(1)拧紧螺母； (2)拧紧螺母； (3)消除管道结合处的严密性
焊接手把喷口受到强烈加热	冷却水进入焊炬	检查焊接手把、供水系统并消除毛病
减压器冻结	(1)气体消耗量大； (2)脱水剂吸足水分	(1)把流量调到所需数量； (2)用新焙烤过的干脱水剂换去湿脱水剂
和焊件接触时,焊接设备壳体短路	(1)绝缘垫圈已坏； (2)喷嘴和管道嘴上受到熔化金属强烈的飞溅	(1)换上新的垫圈； (2)把喷嘴上和管道嘴上的飞溅物除去

5.2 焊接工艺参数选择

CO_2 气体保护焊时，由于熔滴过渡的不同形式，需采用不同的焊接工艺参数。

焊接工艺参数影响焊接质量、效率和成本等因素，需要根据焊件的厚度、材质和所焊接的位置进行正确的选择。

5.2.1 主要工艺参数

CO_2 气体保护焊主要焊接工艺参数包括：电源的极性、焊丝直径和焊接电流、电弧电压、焊接速度、焊丝伸出的长度、直流回路电感值、二氧化碳气体流量等。

5.2.2 工艺参数的选择

1. 电源的极性

为了减少飞溅和保持电弧稳定的燃烧，普遍采用直流反接法，即焊件焊接电源的负极焊枪接焊接电源的正极。

当采用直流正接法时，由于焊丝熔化的速度加快，焊缝熔深较小，焊缝的余高较大，只用于堆焊和铸铁钢的补焊等。

2. 焊丝直径

焊丝直径应根据工件厚度、施焊位置及生产率等要求来选择。焊接薄、中板的立、横、仰焊时，宜选用直径 1.2mm 以下的焊丝。平焊中、厚板时，宜选用直径 1.2mm 以上的焊丝。

3. 焊接电流

焊接电流可根据工件厚度、焊丝直径、施焊位置及熔滴过渡形式来选择。其对焊缝的形成影响较大，在同等情况下电流增大，会造成焊接熔深大，熔宽也增大，相应地也可提高焊接的速度。而电流过大时，会产生烧穿和气孔及飞溅严重等缺陷，若电流太小会造成电弧不稳，不能焊透，焊缝形成差等缺点。

通常选用焊丝直径为 0.8～1.6mm 的情况下，在短路过渡时，焊接电流宜为 50～230A；熔滴过渡时，焊接电流宜为 250～500A。

4. 电弧电压

电弧电压大小决定了电弧长短和熔滴过渡的形式，对焊道外观、熔深、焊缝成形、飞溅、焊接过程的稳定和焊接缺陷及焊缝的力学性都有很大影响。短路过渡要求电弧电压较低，但也不能过低，否则焊接过程不稳定。

电弧电压必须与焊接电流恰当配合。短路过渡焊接时，通常电弧电压宜为 17～24V。用直径大于 1.2mm 焊丝滴状过渡焊接电弧电压宜为 26～42V。

5. 焊接速度

焊接速度对熔深和焊道形状影响最大。对焊缝区的力学性能，以及是否产生裂纹、气孔等也有一定影响。

焊接速度的增加，焊缝熔宽、熔深和余高均减小。焊速过高，容易产生咬边和未焊透等缺陷，同时气体保护效果变坏，易产生气孔。焊接速度过低，易产生烧穿，组织粗大等缺陷，并且变形增大，生产效率降低。通常半自动焊的速度不宜超过 0.5m/min，自动焊的速度不宜超过 1.5m/min。

6. 焊丝的伸出长度

焊丝的伸出长度是指焊丝伸出导电嘴的长度，伸出长度增加，焊丝上的电阻热增加，焊丝熔化加快，生产率提高。但伸出长度过大时，焊丝容易发生过热而成段熔断，飞溅严重，焊接过程不稳定。同时伸出长度增大后，喷嘴与焊件间的距离亦增大，导致气体保护效果变差。

焊丝伸出长度取决于焊丝直径，伸出长度过大，焊丝会成段熔断，飞溅严重，气体保护效果差。过小，不但易造成飞溅物堵塞喷嘴，影响保护效果，也影响焊工视线。合适的伸出长度宜为焊丝直径的 10～12 倍，采用细丝焊宜为 8～15mm。

7. 回路电感值

回路电感值应根据焊条直径、焊接电流和电弧电压等进行选择。一般是通过试焊来调节电感的大小，若焊接过程稳定，则该电感值是合适的。不同直径焊丝的合适电感值见表 5-2。

不同直径焊丝合适的电感值　　　　　表 5-2

焊丝直径(mm)	0.8	1.2	1.6
电感值(mH)	0.01～0.08	0.10～0.16	0.30～0.70

8. 气体的流量

气体流量应根据焊接电流、焊接速度、焊丝伸出长度及喷嘴直径来选择。气体的流量及纯度气体流量过小时，保护气体的挺度不足，焊缝容易产生气孔等缺陷；气体流量过大时，不仅浪费气体，而且氧化性增强，焊缝表面上会形成一层暗灰色的氧化皮，使焊缝质量下降。为保证焊接区免受空气的污染，当焊接电流大或焊接速度快，焊丝伸出长度较长以及室外焊接时，应增大气体流量。

一般短路过渡焊接时，气体流量约为 8～15L/min。滴状过渡焊接时约为 15～25L/min。

5.3　焊接基本操作

本节以 CO_2 气体保护半自动焊为例，介绍其焊接基本操作。

5.3.1　焊接方式

焊接的方式按方向，可分为左焊法和右焊法两种，如图 5-1 所示。

右焊法熔池能够得到良好的保护，且热量集中，由于电弧的吹力作用将熔化的金属推向后方可以形成外观饱满的焊缝，但是焊接时不易观察，不易准确地掌握焊接位置，容易造成焊缝不直的现象。

左焊法电弧对焊件有预热的作用，能得到较大的熔深，焊缝成形得到改善，二氧化碳焊一般都采用左焊法。

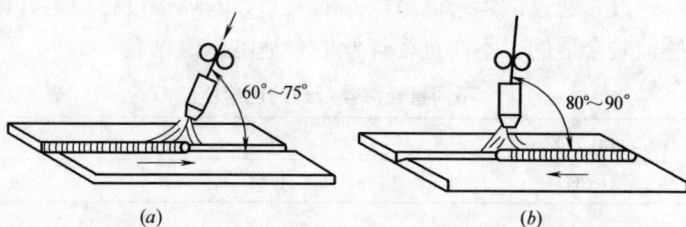

图 5-1　二氧化碳半自动平焊的焊枪位置
(*a*) 右焊法；(*b*) 左焊法

5.3.2　定位焊

（1）构件的定位焊是正式焊缝的一部分，因此定位焊缝不允许存在裂纹等不能最终熔入正式焊缝的缺陷，定位焊必须由持证合格焊工施焊。

（2）定位焊缝应避免在产品的棱角和端部等在强度和工艺上容易出问题的部位进行 T 形接头定位焊，应在两侧对称进行。

（3）定位焊预热温度应比填充焊预热温度高 20～30℃。

（4）定位焊采用的焊接材料型号，应与焊接材质相匹配；角焊缝的定位焊焊脚尺寸不宜小于 5mm 且不大于设计焊脚尺寸的 1/2，对接焊缝的定位焊厚度不宜大于 4mm。

（5）定位焊的长度和间距，应视母材的厚度、结构形式和拘束度来确定，对不同板厚定位焊缝的长度和间距要求，如图5-2、

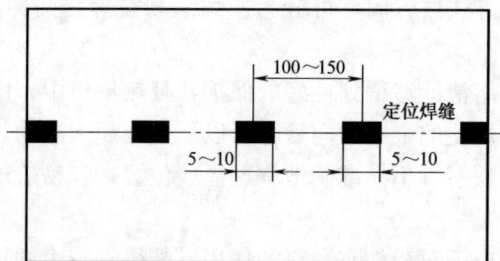

图 5-2　薄板的定位焊焊缝

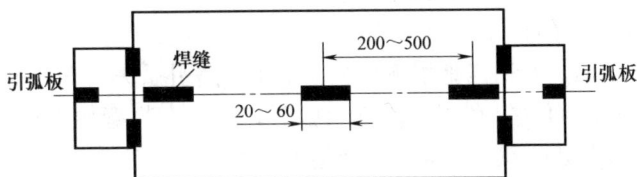

图 5-3　中厚板的定位焊焊缝

图 5-3 所示。

　　开坡口中厚板定位焊位置在工件背部的两端处，如图 5-4 所示。

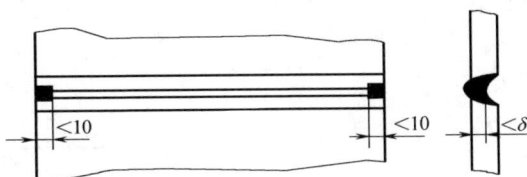

图 5-4　定位焊的位置

　　（6）焊接开始前或焊接过程中，发现定位焊有裂纹，应彻底清除定位焊后，再进行焊接。

　　（7）钢衬垫的定位焊宜在接头坡口内进行，定位焊焊缝厚度不宜超过设计焊缝厚度的 2/3。

　　（8）焊接垫板的材质应与母材相同，并应在构件固定端的背面定位焊，定位焊时采用火焰预热，温度不低于正式焊接预热温度，当两个构件组对完毕，活动端无法从背面点焊，应在坡口内定位焊，当预热温度达到要求时，定位焊顺序应从坡口中间往两端进行，以防止垫板变形。

5.3.3　引弧

　　按预定工艺参数选择高速电压、电流、气体流量等参数。用随身携带的专用尖嘴钳将焊丝端头剪断，经剪断后的焊丝端部应为锐角，并使焊丝达到深出长度的要求（5～15mm），以保证有良好的引弧条件。

引弧前选好适当地引弧位置，采用短路引弧法。不采用引弧板引弧技术而直接在焊缝端部引弧时，可先在焊缝始端前15～20mm左右处引弧后，立即快速返回起始点，然后再以正常的焊接速度向前焊接，如图5-5所示。

重要产品进行焊接时，为消除在引弧时产生飞溅、烧穿、气孔及未焊透等缺陷，可采用引弧板，如图5-6所示。引弧板材质和坡口形式应与焊件相同。引弧焊缝长度应大于或等于25mm。引弧板长度应大于或等于60mm。引弧板应采用气割的方法切除，并修磨平整，不得用锤击落。

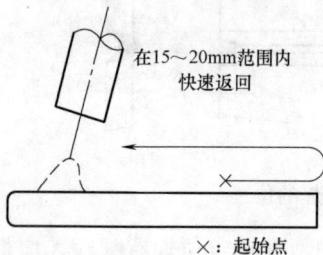

图5-5　倒退引弧法示意图

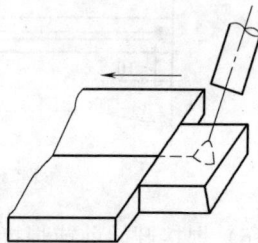

图5-6　使用引弧板示意图

起弧后，要灵活掌握焊接速度，以避免始端出现熔化不良和焊波过高。

5.3.4　焊枪的摆动方式

焊枪的摆动方式主要有直线形、锯齿形、月牙形、斜环形、8字形等，如图5-7所示。

5.3.5　焊缝接头

操作时先将接头处用磨光机打磨成斜面，然后在斜面顶部引弧，引燃电弧后，将电弧斜移至斜面底部，转一圈后返回引弧处

直线形：用于薄板及中厚板的第1层焊接

锯齿形：用于小间隙及中厚板打底焊接，减小焊缝余高

月牙形：用于第2层为横向摆动送枪焊接的厚板等

斜环形：用于堆焊、多层焊接时的第1层

8字形：用于大间隙

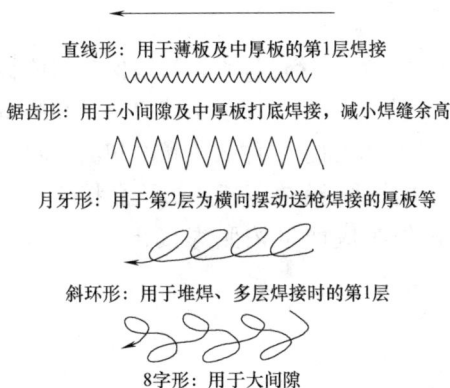

图 5-7　焊枪的摆动方式及应用

再继续焊接，如图 5-8 所示。

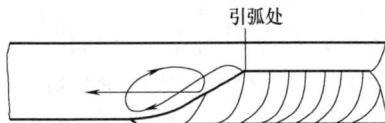

引弧处

图 5-8　接头处的引弧操作

当无摆动焊接时，可在弧坑前方约 20mm 处引弧，然后快速将电弧引向弧坑，待熔化金属填满弧坑后，立即将电弧引向前方，进行正常操作，如图 5-9（a）所示。

当采用摆动焊接时，在弧坑前方约 20mm 处引弧，然后快速降电弧引向弧坑，到达弧坑中心后开始摆动并向前移动，同时，加大摆动转入正常焊接，如图 5-9（b）所示。

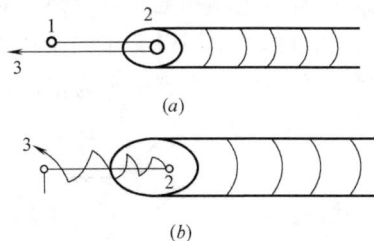

(a)

(b)

图 5-9　焊接接头处理方法
(a) 无摆动焊接时；(b) 摆动焊时

5.3.6　送焊丝

间断送焊丝法：在焊接过程中，始终保持气体和焊接电流的接通，而断续给送焊丝，从而控制了熔池温度和结晶速度，这样熔滴过渡时间拉长，增加了焊件散热和冷却的时间，形成熔深浅的鱼鳞状焊缝。本法适用于在薄板小边距角接缝、搭接缝、卷边焊缝焊接，但操作时应严格按照焊接规范进行，以免烧掉导电嘴。

5.3.7　收弧

一条焊缝焊完后，焊枪应在弧坑处稍停片刻，以便将弧坑填满。如果收尾时立即断弧则会形成低于焊件表面的弧坑，过深的弧坑会使焊道收尾处的强度减弱，并且容易造成应力集中而产生裂纹。

正确的收弧法可以避免和消除弧坑气孔及裂缝等缺陷的产生，收弧时必须使大量的熔化金属来填满弧坑，并在熔池冷却和凝固时保持良好的气体保护作用，常用的有控制间断送丝、灭弧系统式电弧、自动衰减装置，在平焊时应采用吸弧板等。

对于重要产品，可采用收弧板，将弧坑引至工件之外，可以省去弧坑处理的操作。如果焊接电源有弧坑控制电路，则在焊接前将面板上的火口处理开关扳至"有火口处理"挡，在焊接结束收弧时，焊接电流和电弧电压会自动减少到适宜的数值，将弧坑填满。如果焊接电源没有弧坑控制装置，通常采用多次断续引弧填充弧坑的办法，直到填平为止，如图 5-10 所示。

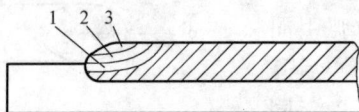

图 5-10　断续引弧法填充弧坑示意图

收弧操作时动作要快，若熔池已凝固再引弧，则容易产生气孔、未焊透等缺陷。

5.4 不同焊接位置焊接操作

5.4.1 平焊

平焊时一般采用左向焊法，薄板平焊对接焊时，焊枪作直线运动，焊枪角度，如图 5-11 所示。如间隙较大时，可适当作横向摆动，但幅度不宜太大，以免影响气体对熔池的保护。

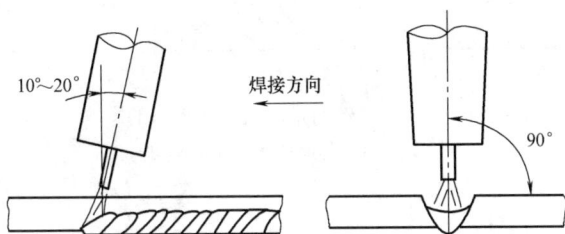

图 5-11 平焊焊枪角度

中厚板 V 形坡口采用左焊法（三层三道）时，焊枪角度，如图 5-11 所示，焊道分布如图 5-12 所示。焊接打底层时可采用直线运条手法，上层焊缝可作横向摆动的多层焊。

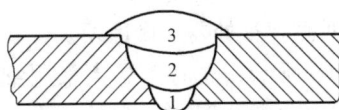

图 5-12 焊道分布

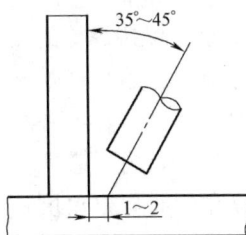

图 5-13 二氧化碳平角焊的焊枪角度

平角焊和搭接焊时，采用左、右向焊法均可。水平角焊采用左焊法（一层一道）时，如果焊角尺寸为 5mm 以上，可将焊丝水平移开离夹角处 1～2mm，如图 5-13 所示。

T 形接头焊接时，易产生咬边、未焊透、焊缝下垂等现象。为了防止这些缺陷，在操作时，除了正确执行焊接工艺参数，还要根据板厚和焊角尺寸来控制焊丝的角度，如图 5-14 所示。

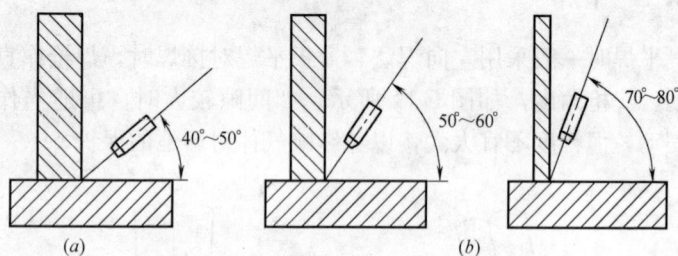

图 5-14　焊丝的角度对焊缝形状的影响
(a) 两板等厚；(b) 两板不等厚

5.4.2　立焊

中厚板立焊采用立向上焊法（三层三道）时，焊枪角度如图 5-15 所示。为了防止熔池金属在重力的作用下流淌，除了采用较小的焊接电流外，正确的焊枪角度和摆动方式也很关键。焊接过程中应始终保持焊枪角度在与工件表面垂直线上下 10° 的范围内。

垂直角焊采用立向上焊法（一层一道）时。焊枪角度，如图 5-16 所示。保持焊枪的角度始终在工件表面垂直线上下约 10° 左右，才能保证熔深和焊透。采用如图 5-17 所示的三角形摆动焊接，可以控制熔宽，并改善焊缝成形。为了避免铁水下淌，中间位置要稍快；为了避免咬边，在两侧焊趾处要稍做停留。

立角焊时焊枪角度，如图 5-18 所示。立向下焊当采用细丝短路焊接时，由于 CO_2 气体能对熔化的金属有一定的托力，使其不易下坠，焊缝成形美观，但焊缝熔深较浅，成形美观，生产率较高，多用于薄板焊接、T 形接头及角接接头。

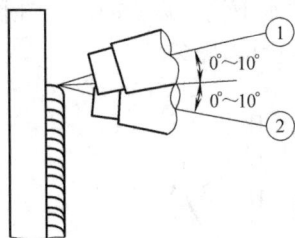

图 5-15　立焊位焊枪角度

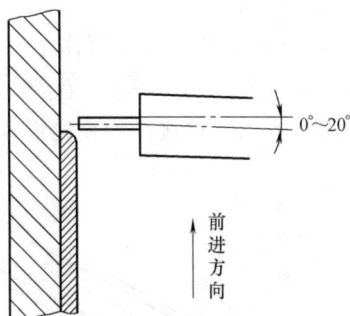

图 5-16　立角焊位焊枪角度

立向上焊由于液态的金属向下流淌加上电弧的吹力作用，熔深较大焊道较窄，常用于中厚板的焊接。

5.4.3　横焊

横焊时由于熔化的金属受重力的作用向下淌，容易造成焊瘤、未焊透和咬边等缺陷，宜采用细丝短路过渡的方式。

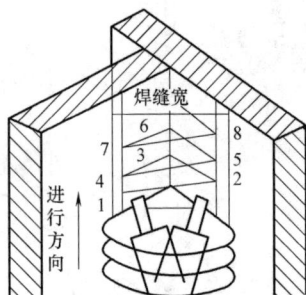

图 5-17　焊枪摆动方式

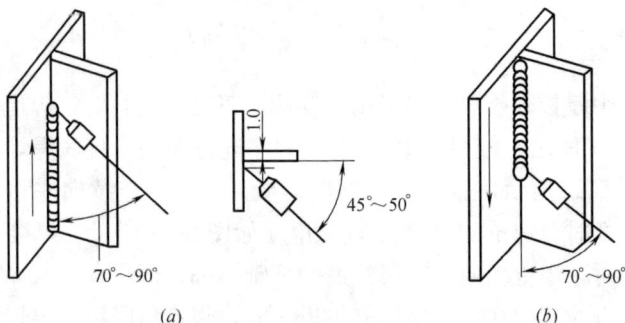

(a)　　　　　　　　(b)

图 5-18　二氧化碳半自动立焊的焊枪角度

(a) 向上焊接；(b) 向下焊接

薄板开破口立焊焊枪角度，如图 5-19 所示。焊接过程焊枪应直线运动，必要时也可作小幅度的往复摆动。注意焊接时摆动幅度一定要小，过大的摆幅会造成铁水下淌。焊枪的摆动图形如图 5-20 所示。焊接速度要稍快，避免引起烧穿。

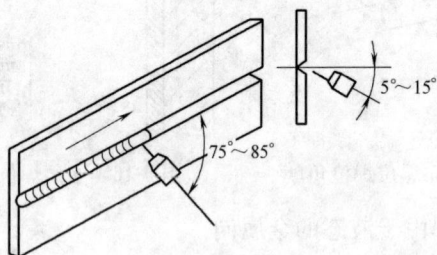

图 5-19　二氧化碳半自动横焊的焊枪位置

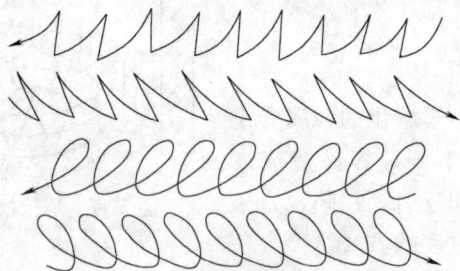

图 5-20　横焊焊枪摆动方式

中厚板开破口立焊采用左焊法（三层六道）时，焊道分布如图 5-21 所示。按照图中 1～6 的顺序进行焊接。打底焊焊枪角度如图 5-22 所示，做小幅度锯齿形横向摆动，连续向左移动。填充焊 2 时，焊枪的对准方向及角度如图 5-23 所示。焊接填充焊道 2 时，焊枪指向第一层焊道的下趾端部，形成 0°～10°的俯角，采用直线式焊法；焊接填充焊道 3 时，焊枪指向第一层焊道的上趾端部，形成 0°～10°的仰角，以第一层焊道的上趾处为中心做横向摆动，注意避免形成凸形焊道和咬边。盖面焊时焊枪的角度，如图 5-24 所示。盖面焊共三道，依次从下往上焊接。摆动时注意幅度一致，速度均匀。每条焊道要压住前一焊道约 2/3。

图 5-21 焊道分布图

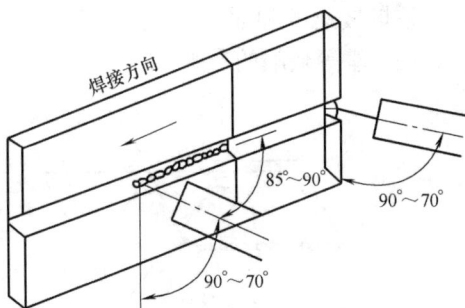

图 5-22 横焊位打底焊时焊枪角度

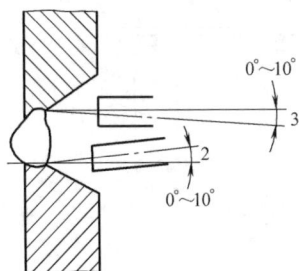

图 5-23 横焊位填充焊焊枪
位置及角度

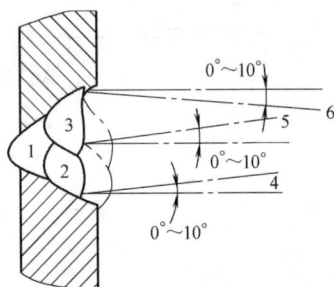

图 5-24 横焊位盖面焊焊枪
位置及角度

5.4.4 仰焊

仰焊时应采用较细的焊丝及较小的焊接电流，仰焊焊枪角度，如图 5-25 所示。

薄板仰焊时，一般多小幅度的往复摆动。中厚板仰焊时，应适当横向摆动，并在接缝或坡口两侧稍停片刻，防止焊波中间凸起及液态金属下淌。

焊枪角度和焊接速度的调整是保证焊接质量的关键。焊接时焊枪角度过大，会造成凸形焊道及咬边；焊接速度过慢，则会导致焊道表面凹凸不平。在焊接过程中，要根据熔池的具体情况，及时调整焊接速度和摆动方式，才能有效地避免咬边、熔合不良、焊道下垂等缺陷的产生。

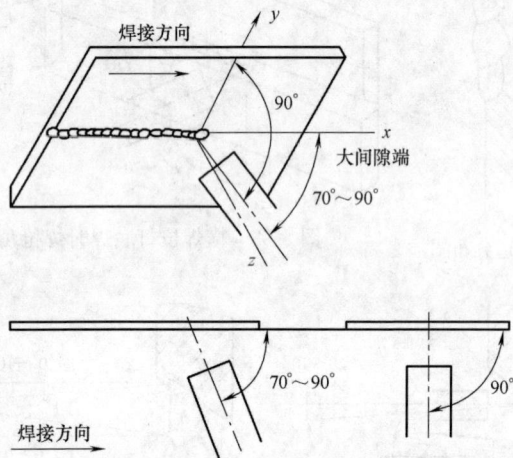

图 5-25　仰焊焊枪角度

6 气焊（割）、等离子切割及碳弧气刨

6.1 气焊

气焊（割）是利用可燃气体与助燃气体混合燃烧时放出的热量作为热源，以焊接或切割工件的一种工艺方法。

6.1.1 气焊（割）设备组成及检查

气焊（割）设备主要包括氧气瓶、乙炔瓶、瓶阀、减压器、焊炬、割炬等，此外，还有空气压缩机、回火保险器（也称回火防止器）、点火枪、胶管、气体胶管快速接头、护目镜等。

1. 氧气瓶及其瓶阀

（1）氧气瓶：氧气瓶是用来储存和运输高压氧气的容器，瓶内装有 15MPa 压力的氧气，氧气瓶瓶体和瓶帽是表面涂有蓝色油漆的钢制瓶体，结构由瓶帽、瓶阀、瓶钳、防震圈、瓶体组成。

（2）氧气瓶瓶阀：氧气瓶瓶阀是控制瓶内氧气进出的阀门，目前的瓶阀有活瓣式和隔膜式两种，隔膜式气密性好，但因容易损坏、使用寿命短等，所以目前主要采用活瓣式。

2. 乙炔瓶及其瓶阀

乙炔瓶主要由瓶体、瓶阀、瓶帽和瓶内多孔材料（如活性炭，硅藻与石棉纤维等）构成，广泛采用的是硅酸钙瓶。

乙炔在使用时把瓶阀打开，溶于丙酮中的乙炔就会分离出来，瓶体喷有白漆，并用红漆标注"乙炔"两字，乙炔瓶的工作压力为 1.5MPa，设计压力为 3MPa，水压试验压力为 6MPa，乙炔瓶的上部记载瓶的容积、质量和制造的年月，使用期间每 3

个月检验 1 次。使用时乙炔表面的温度不得超过 40℃。

乙炔瓶瓶阀：瓶阀的主要由阀体、阀杆压塞螺母活门和过滤件等组成，乙炔瓶阀体是由低碳钢制成，使用方法与氧气的瓶阀相似。

3. 减压器

减压器可将储存在气瓶内的高压气体降为低压气体，并能保持输出气体的稳定性不变。

减压器按用途分可分为氧气减压器和乙炔减压器等，还可以分为集中式和分离式两类，按构造的不同分单级式和双级式两类，按工作原理的不同分为正作用式和反作用式，目前常用的以单级反作用式和双级混合式两种。

4. 焊炬

焊炬俗称焊枪，是气焊的主要操作工具，焊炬的作用是将可燃气体与氧气按一定比例进行混合，从焊嘴以一定的速度喷出，为气焊提供燃烧的能源。焊炬按可燃气体与氧气的混合方式分为等压式和射吸式两种；按尺寸和质量分可以分为标准型和轻便型两种；按火焰的数目可分为单火焰和多火焰两种；按使用方法又分为手动和机械两类。

等压式焊枪的可燃气体的压力与氧气的压力相等，优点是不易回火，但等压式焊枪不能用低压乙炔，所以采用等压式焊枪的很少。

射吸式焊枪，乙炔的流动主要依靠氧气的喷射作用，氧气将乙炔吸收，并混合成一定比例从焊嘴喷出，无论低压乙炔或高压乙炔都能使用，使用广泛。

5. 割炬

割炬是将可燃气体与氧气混合且形成具有一定热量和形状的预热火焰，在预热火焰中心喷射切割氧进行气割的工具。割炬按可燃气体和氧气进入割嘴的混合方式不同，分为射吸式和等压式两种。

射吸式割炬的构造及工作原理基本上与低压焊炬相同，只是比焊炬增加了切割氧系统。

6. 气焊（割）设备检查

（1）空压机、气瓶、焊接架应符合相应的检验技术要求。

（2）冷却、散热、通风系统应齐全、完整，效果应良好。

（3）氧气瓶及其附件、胶管工具均不应沾染油污，软管接头不应采用含铜量大于70%的铜质材料制造。

（4）气瓶与焊炬相互间的距离不应小于10m，两瓶间距不应小于5m。乙炔瓶使用时必须装设专用减压器，减压器与瓶阀的连接应可靠，不得漏气。

（5）严禁使用未安装减压器的氧气瓶，减压器应在检定有限期内。

（6）气瓶防振圈、安全帽应齐全良好。

6.1.2 气焊焊接工艺参数

气焊主要的焊接工艺参数有焊丝直径、火焰的能率、焊嘴的倾角和焊接速度等。

1. 焊丝直径

焊丝的直径应根据实际被焊件的厚度、坡口形式、焊缝的位置、火焰能率来选择，根据火焰能率的不同。焊丝的熔化速度也有所不同。若火焰能率一定时，焊丝直径过细时，会使焊件沿未熔化时焊丝熔化下淌，这样会造成焊缝的熔合不好等焊接缺陷，若焊丝过粗，焊丝则会有较长的加热时间，同时也增大了对焊件的加热范围，使焊件接头的影响区增大，容易降低焊件的焊接质量。

当焊接开坡口焊的第1层焊缝时，应选用较细的焊丝进行焊接，以利于焊件有一定的熔深，以后各层均可采用较粗的焊丝进行焊接，一般平焊焊缝所采用的焊丝的直径比横、立、仰焊所采用焊丝直径要粗一些，而右焊法要比左焊法所选用的焊丝的直径要粗一些。常用的碳钢气焊件与焊丝的直径的关系见表6-1。

工件厚度(mm)	1.0～2.0	2.0～3.0	3.0～5.0	5.0～10.0	10～15
焊丝直径(mm)	1.0～2.0 或不用焊丝	2.0～3.0	3.0～5.0	3.0～5.0	4.0～6.0

焊件厚度与焊丝直径的关系　　　　表 6-1

2. 火焰能率

火焰能率是指在单位时间内可燃气体的消耗量，单位为 L/h。可燃气体的消耗量是由焊炬的型号及焊嘴的大小来决定的，焊嘴的型号越大，火焰的能率越大；反之则越小。而焊嘴的大小是由焊件的厚度，金属材料的热物理性质及焊缝的空间位置来选择的，火焰的能率主要由氧气与乙炔混合、气体中氧气的压力流量和乙炔的压力流量而实现的。

3. 焊嘴的倾斜角度

焊嘴的倾斜角度是指焊嘴的中心线与焊件平面间焊缝的夹角，它是根据焊件的厚度金属材料的熔点及导热性而决定的。焊嘴的倾角越大火焰越集中热量的损失越小，焊件得到的热量越多，升温也就越快，焊接速度也就增加，反之则相反。所以焊件的厚度越大，焊嘴的倾角应越大，焊件越薄则焊嘴的倾角应越小。若焊嘴选用稍大焊嘴，倾角可相应的小一些；焊嘴选用稍小焊嘴则其倾角小。焊接低碳钢时焊炬倾角与焊件厚度的关系如图 6-1 所示。

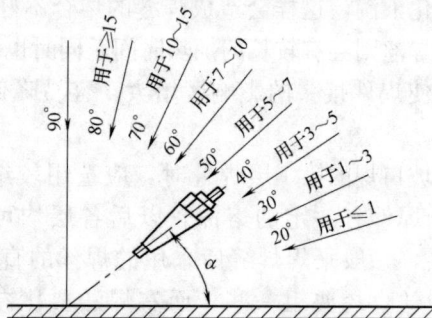

图 6-1　焊炬倾斜角与焊件厚度的关系

在焊接过程中，焊嘴的倾角是需要改变的，开始焊接时为了加快熔池的熔化速度可使焊嘴为 $80° \sim 90°$，到正常的焊接过程时，可维持正常的焊接角度，在作业快要终止时，为了避免弧坑和烧穿，可将焊嘴的倾角减小，使焊嘴对准焊丝加热并使火焰上下跳动，断续地对焊丝和熔池进行加热，图 6-2 所示为焊炬与焊丝的位置图。

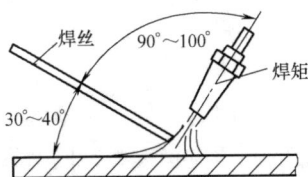

图 6-2　焊炬与焊丝的位置

4. 焊接速度

焊接速度根据不同焊接结构、焊件材料和焊缝位置来选择。一般来说，厚度大和熔点高的焊件焊接速度要慢，而焊件较薄而熔点低的焊接速度应快，避免烧穿和使焊件表面因过热而降低焊接质量等。

6.1.3　气焊的基本操作方法

1. 氧-乙炔焰的点燃、调节和熄灭

焊枪的握法是由右手拿焊枪并将拇指和食指位于氧气调节阀处，同时还可以控制乙炔调节阀，随时调节气体流量的大小。

点燃火焰时，应先稍微开启氧气调节阀，再开启乙炔调节阀，将两种气体在焊枪内混合后，从焊嘴喷出，依靠火源即可点燃，注意：点火时不要用拿火源的手正对焊枪枪嘴的出口处和拿焊枪嘴指向他人或易燃物，以免发生事故。

如出现不易点火的现象，多因氧气的调节阀过大所致，可将氧气调节阀关小即可点火，刚点燃时一般为碳化焰，火焰的种类应根据所选用焊件材料的种类、厚度来选择不同的火焰，若火焰的能率仍不够大时，应更换大口径的焊枪嘴。

调整好后，火焰的形状不应歪斜或发出"吱吱"声，若发现火焰不正常时，需用通针把焊枪嘴内的杂质清除干净，使火焰正常后方可进行焊接，在气焊操作中注意观察火焰的变化并及时进行调节。

熄灭火焰时应先关闭乙炔调节阀，再关闭氧气调节阀，否则会出现大量的黑烟。

2. 起焊

起焊时为了便于熔池的形成，并有利于对焊件进行预热，焊枪嘴的倾角应稍大些，同时在起焊焊接处应使火焰往复移动，以保证在焊接处加热均匀。若两焊件的厚度不相同时，火焰应偏向厚件一方以使焊缝两侧温度基本一致，当两焊件同时熔化时，即可起焊。在焊接时保证焊枪的火焰喷射方向，使得焊缝两侧的温度始终保持一致，焊接火焰的内层焰芯的尖端要距离熔池表面3~5mm，并始终保持熔池的大小形状不变。

起焊点的选择：一般在平焊对接接头的焊缝时，应从焊缝的一端30mm处施焊，目的是使焊缝处于板内，传热面积大，当母材金属熔化时，周围温度已升高，从而在冷凝时不易出现裂纹，管焊缝时起焊点应在两定位焊点的中间位置。

3. 焊嘴和焊丝的摆动

为了控制熔池的热量，获得高质量的焊缝，焊嘴和焊丝应均匀协调地摆动，焊嘴和焊丝的运动包括以下3种：

（1）沿焊缝的纵向移动，不断地移动焊枪和焊丝形成了焊缝。

（2）焊嘴沿焊缝作横向运动，一般厚板会使用横向摆动。

（3）焊丝在垂直焊缝的送进运动并作上下移动，调节熔池的热量和焊丝填充量。

平焊时焊嘴与焊丝常见几种摆动方法如图 6-3 所示，图 6-3 (a)、(b)、(c) 所示的方法适用于各种材料较厚大焊件的焊接和堆焊，图 6-3 (d) 所示的方法适用各种薄板的焊接。

4. 接头与收尾

焊接中途停顿后，又在焊缝停顿处重新起焊，焊接时将原焊缝重叠部分称接头，焊到焊缝的终点时结束焊接过程称为收尾。

接头时应用火焰把原熔池重新加热至熔化形成新的熔池后，

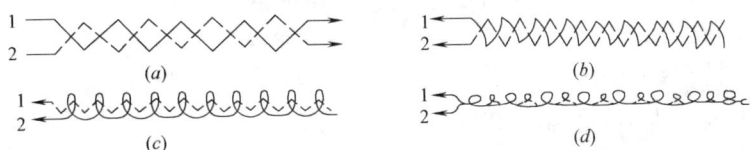

图 6-3　焊嘴和焊丝的摆动方法

再填入焊丝重新开始焊接，并注意焊丝熔滴应与熔化的原焊缝金属充分熔合，接头时要与焊缝重叠6～8mm，在焊缝重叠处少加焊丝，以保证焊缝的高度合适，并在接头处焊缝与原焊缝的圆滑过渡。

收尾时应减小焊嘴的倾角和加快焊接速度，并应多加焊丝防止熔池面积过大，避免烧穿。还应注意使火焰抬高并慢慢离开熔池，直至熔池填满后，火焰才能离开。

6.1.4　各种位置的焊接操作

1. 平焊

平焊一般采用左焊法，操作比较容易，如图6-4所示。

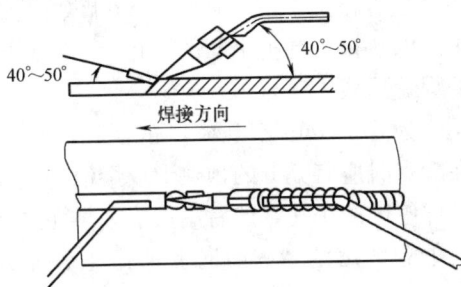

图 6-4　平焊操作示意图

开始时，先将焊接处加热至熔化形成熔池后，才能送入焊丝，焊接过程中应根据熔池空间的大小和清晰度，随时调整焊枪嘴的倾斜角度、焊接速度、焊丝送给量以及火焰大小。如熔池内的液体金属被吹出，则说明气体流量过大或焰芯离熔池太近，应立即调节火焰能率或焰芯与熔池之间的距离。

2. 立焊

立焊时熔池内的金属容易下淌，焊缝形成较难，焊缝的高度和宽度也不易控制，其操作如图 6-5 所示。

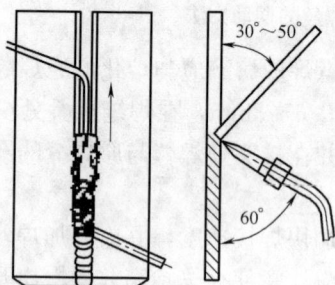

图 6-5 立焊操作示意图

立焊时焊接火焰向上倾斜，与焊件成 60°夹角，为防止熔化金属过多，应少加焊丝，并且应该采用比平焊小 15％左右的火焰能率来进行焊接。

一般焊枪嘴不做横向摆动，而仅做上下跳动即可，这样便于控制熔池的温度，使熔池有一定的时间冷却，以保证熔池受热适当，焊丝则应在火焰气流范围内进行环形运动，并将熔化金属一层一层均匀地堆敷到焊件上。

当焊接厚度为 2mm 的薄板时，宜于加快焊接速度，此时注意不要使焊接火焰进行上下的纵向运动，可做稍小的横向摆动，以疏散熔池中间的热量，并把中间的熔化金属吹到两侧，加强熔宽以获较好的焊缝形式。

当焊接厚度为 2～4mm 不开坡口钢板时，应使火焰能率适当地大些，在起点时应有充分的预热形成熔池，并在熔池上熔化出一直径为工件厚度的小孔，然后用火焰在小孔边缘加热熔化焊丝，填充圆孔下边的熔池，一面向上扩孔，一面填充焊丝完成焊接。

当焊接厚度＞5mm 的板时，应开坡口，宜先形成打穿小孔，并将钝边熔化以便焊透。

3. 横焊

横焊操作，如图 6-6 所示。横焊时熔池内的金属易下淌，使焊缝的上边容易产生咬边，而在下边易产生焊瘤和未熔合等缺陷。

横焊时应焊枪嘴应向上倾斜，火焰与焊件竖直方面的夹角应保证在 $65°\sim75°$，并利用火焰的吹力托住熔池液体，使之不易下淌。

焊接时，焊丝要始终保持浸在熔池中，并不断把熔化金属向上推，焊丝来回做半圆式斜环形摆动，并在摆动过程中被焊接火焰加热、熔化，以避免熔化金属堆积在熔池下面而形成咬边和焊瘤的缺陷。在焊接薄焊件时，焊嘴一般不做摆动，较厚时焊嘴可做小的环行摆动。

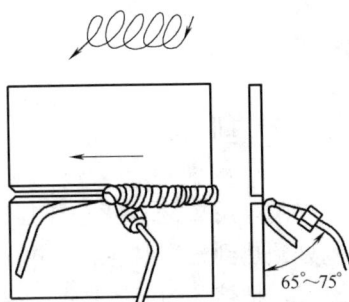

图 6-6　横焊操作示意图

4. 仰焊

仰焊一般用于固定的焊件焊接。仰焊时熔池向下熔化的金属易下坠，甚至滴落。

仰焊时应选择较小的火焰能率，所用的焊炬的焊嘴较比平焊小 1 号。

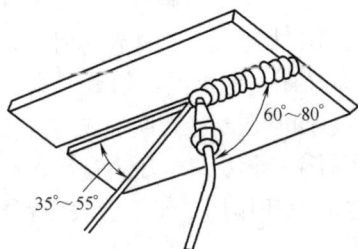

图 6-7　仰焊操作示意图

仰焊时应控制熔池的温度和熔池大小，使液体金属快速凝固。如温度过高，熔化金属容易下坠，甚至滴落；但温度过低就会出现未熔合或夹渣等缺陷。

在进行仰焊对接接头时，焊嘴与焊件的夹角为 $60°\sim80°$，如图 6-7 所示。

应采用较小直径的焊丝，以薄层堆敷上去，当焊接开口或较厚的工作时，若一次焊满则较难得到理想的熔深及形成美观的焊缝，则应采用多层焊，第 1 层主要是保证焊透，后几层保证机械强度。要控制两侧的熔合良好，圆滑地过渡到母材使焊缝形成美观，采用多层焊是防止金属下坠的主要方法。

6.2 气割

气割是用氧-乙炔火焰或其他可燃气体（如液化气），将金属切割处预热到燃烧温度点，并向加热到燃点的被切割金属开放切割氧气，把熔化的液体吹走，移动割炬，便形成割缝。本节以氧气切割为例，介绍其气割工艺参数及基本操作。

6.2.1 气割工艺参数选择

气割工艺参数（也称气割规范）主要有切割氧压力、切割速度、预热火焰的能率、割嘴与割件间的倾斜角以及割嘴离割件表面的距离等因素。

此外，影响切割质量的因素还有钢材质量及其表面状况（氧化皮、涂料等）、割件的割缝形状（直线、曲线或坡口等）、可燃气体的种类和供给方式以及割嘴形式（直线形或缩放形）等。

1. 切割氧压力

切割时，氧气的压力与割件厚度、割嘴号码以及氧气纯度等因素有关。割件越厚，要求氧气的压力越大；割件较薄时，则要求氧气压力就较低。但氧气的压力有一定范围，如氧气压力过低，会使切割过程氧化反应减缓，同时在割缝背面形成熔渣粘结物，甚至不能将割件的全部厚度割穿；相反氧气压力过大，不仅造成浪费，而且对割件产生强烈的冷却作用，使割缝表面粗糙，割缝加大，使切割速度反而减慢。

随着割件厚度的增加，选择的割嘴号码应增大，使用的氧气压力也相应地增大。

2. 切割速度

切割速度与割件厚度和使用的割嘴形状有关，割件越厚，切割速度越慢；反之切割速度应越快，切割速度太慢，会使割缝边缘熔化，切割速度过快，则会产生很大的后拖量或割不穿。

切割速度的正确与否，主要根据割缝后拖量来判断。后拖量是在氧气切割过程中，割件的下层金属比上层金属燃烧迟缓的距离，如图 6-8 所示。

3. 预热火焰的能率

切割时，预热火焰多采用中性焰，或轻微的氧化焰。预热火焰的能率以可燃气体（乙炔）每小时耗量（kg/h）表示。

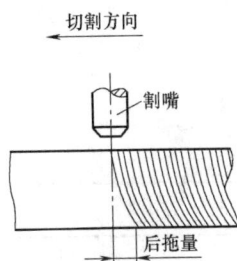

图 6-8　氧气切割时产生的后拖量

预热火焰能率与割件厚度有关。割件越厚，火焰能率应越大；但火焰能率过大时，使割缝上缘产生连续珠状钢粒，甚至溶化成圆角，同时造成割件背面粘附的熔渣增多而影响切割质量。当火焰能率过小时，割件得不到足够的热量，迫使切割速度减慢，甚至切割过程发生困难，这在厚板切割更应注意。

切割薄钢板时，因切割速度快，可采用稍大些的火焰能率，但割嘴应离割件远些，并保持一定角度，防止切割中断；而在切割厚钢板时，由于切割速度较慢，为了防止割缝上缘熔化，可相对采用较弱些的火焰能率。

4. 割嘴与割件间的倾斜角

割嘴与割件间的倾斜角，直接影响切割速度和后拖量，主要根据割件厚度确定。

当切割厚度 6～30mm 的钢板时，割嘴应垂直于割件；切割厚度＜6mm 的钢板时，割嘴可向后倾斜 5°～10°；切割厚度＞30mm 的钢板时，开始切割应将割嘴向前倾斜 5°～10°，待割穿后割嘴应垂直于割件，当快割完时，割嘴应逐渐向后倾斜 5°～10°。割嘴的倾斜角与割件厚度的关系，如图 6-9 所示。

5. 割嘴离割件表面的距离

割嘴离割件表面的距离，应根据预热火焰的长度及割件的厚

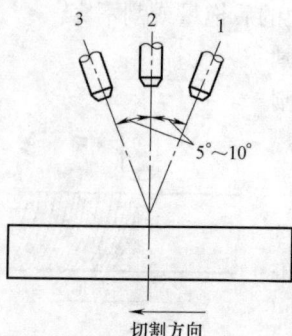

图6-9 割嘴的倾斜角与
割件厚度的关系

度而定，一般为 3～5mm。

当切割 20mm 左右的中厚板时，火焰要长些，割嘴离割件表面的距离要大一些。在切割 20mm 以上厚板时，因切割速度较慢，为了防止割缝上缘熔化，所需的预热火焰应短些，割嘴离割件的距离可以适当地减小，可提高切割质量。

6.2.2 气割基本操作

1. 切割准备

切割前，应检查乙炔发生器和回火防止器的工作状态是否正常，开启发生器的乙炔输送阀、氧气瓶阀以及调节减压器，将压气调节到所需的工作压力。

将割件放在割件架上，或把割件垫高与地面保持一定距离，保持钢板平稳，工件下面留有一定的空间并使其畅通，以保证切口的熔渣向下能顺利排除，切勿在离水泥地面很近的位置切割，防止水泥发生爆溅。然后将割件表面的污垢、油漆以及铁锈等清除。

清除钢板表面污物及水分，用白粉划出工件的形状与尺寸，并在相邻段上打上样冲标记。

2. 点火操作

根据割件厚度选择火焰能率（即割嘴号码），应先打开乙炔阀少许放掉气路中可能存有的空气，然后打开预热氧阀少许进行点火。若点火时一声爆响，火焰已呈蓝色，燃烧时声音较大，说明氧气比例较大，可通过预热氧阀适当减小氧气。

调整好预热火焰（中性焰）。然后试开切割氧气阀，检查切割氧是否以细而直的射流喷出。同时检查预热火焰是否正常，若不正常时（焰心呈尖状），应将其调试好，必要时，可用通针通割嘴的喷射孔。

3. 切割过程

切割开始时，首先应将切割边缘用预热火焰加热到燃烧温度，但实际上加热到使割件表面熔化的温度，再开启切割氧射流，按割线进行切割。

切割过程中，火焰焰心离开割件表面的距离应为 3～5mm，割嘴与割件的距离，要求在整个切割过程中保持均匀，否则会影响切割质量。

在手工切割时，可以采用割嘴沿切割方向后倾20°～30°，如图 6-10 所示，以提高切割速度。

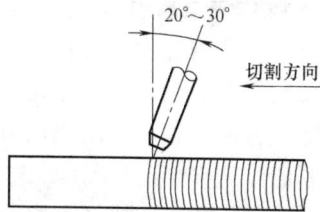

切割速度正常时，熔渣的流动方向基本上与割件表现相垂直，如图 6-11（a）所示。当切割速度过高时，则熔渣将成一定角度流出，即产生较大的后拖量，如图 6-11（b）所示。

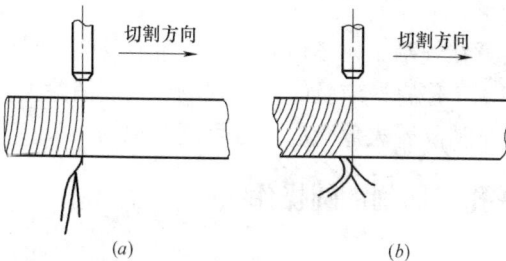

图 6-10　割嘴沿切割方向后倾角

图 6-11　熔渣流动方向与切割速度的关系
（a）速度正常；（b）速度过高

在切割较长的直线或曲线板材的，一般切割 300～500mm后，可先关闭切割氧调节阀，将割炬火焰离开割件，然后移动位置，继续对割件预热到燃点，再缓慢地开启切割氧。但对薄板切割时，可先开启切割氧射流，然后将割炬的火焰对准切割处继续切割。

当割缝临近结束时，割嘴应略向切割方向后倾一定角度，使割缝下部的钢板先割穿，并注意余料的下落位置，然后将钢板全部割穿，以保证收尾的割缝较平整。

切割结束后，应迅速关闭切割氧调节阀，并将预热火焰的乙炔调节阀和氧气调节阀先后关闭。然后将氧气减压器的调压螺丝旋松，关闭氧气瓶阀和乙炔输送阀。

4. 操作注意事项

（1）在切割过程中，若发生回火而使火焰突然熄灭时，应立即将切割氧调节阀关闭，与此同时，将预热火焰的氧气调节阀关闭。等几秒钟后，由于乙炔调节阀未关闭，而又重新点燃火焰，继续开启预热火焰进行工作。

（2）氧气瓶、乙炔气瓶均应避免放在受阳光暴晒，或受热源直接辐射及受电击的地方。氧气、乙炔瓶不应放空，气瓶内必须留有不小于 98～196kPa 表压的余气。

氧气瓶、乙炔气瓶均应稳固竖立，并保持 3m 以上的距离。

（3）应避免粘有油脂的手套、工具同氧气瓶、瓶阀、减压器及管路等接触。

（4）注意在气割工作场地周围不准堆有易燃、易爆物品。

（5）切割工作完毕应及时清理现场，彻底消除火种，经专人检查确认完全消除着火危险后，方可离开现场。

6.2.3 开孔与切割钢圆操作

1. 开孔

手工切割厚度在 20mm 以内的开孔零件时，可直接开起割孔。但在起割时，为了防止飞溅的熔渣堵塞割嘴，要求割嘴应稍微后倾 15°～20°，并使割嘴离割件距离大些。当割件被预热到燃烧点时，即开启切割氧，开口小一些，边割边沿切割方向移动割嘴，并逐渐增加切割氧压力，将割件割穿，按要求的形状继续切割。

厚度为 20～50mm 钢板切割时，起割孔也可直接开出。

2. 切割钢圆

切割钢圆时，割嘴应按图 6-12 中 1 的位置进行起割，切割过程应按图 6-12 中 2～6 位置进行。

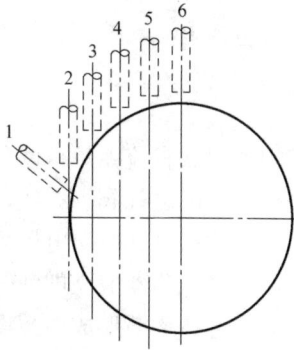

图 6-12　切割钢圆时割嘴的位置

6.3　等离子切割

等离子弧切割主要是依靠高温高速的等离子弧及其焰流作热源，把被切割的材料局部熔化及蒸发，并同时用高速气流将已熔化的金属或非金属材料吹走，随着等离子弧割炬的移动而形成很窄的切口。

等离子弧所用的电极材料优先使用没有放射性的铈钨极，常用的等离子弧的工作气体是氮、氩、氢以及它们的混合气体。在碳素钢和低合金钢切割中，也有使用压缩空气作为产生等离子弧介质的空气等离子弧切割。

等离子弧分为转移型等离子弧和非转移型等离子弧两种。转移型等离子弧（又称直接弧）：电极接负极，工件接正极，等离子弧产生在电极和工件之间，适宜切割中厚板材。非转移型等离子弧（又称间接弧）：电极接负极，喷嘴接正极，等离产生在电极和喷嘴内表面之间，主要用于非金属材料的切割。

等离子弧能量集中、温度高、具有很大的机械冲击力，并且电弧稳定。

6.3.1 等离子切割设备组成及要求

等离子弧切割设备包括电源、控制箱、水路系统、气路系统及割炬等组成。

1. 电源

切割电源有专用的和串联直流弧焊机两种类型。一般由程序控制接触器、高频振荡器、电磁气阀等组成，应符合如下要求：

（1）能提前送气、滞后停气、以防电极氧化。

（2）引燃电弧后，高频振荡器应立即断开。

（3）切割气流应随主电弧逐渐形成而缓慢的增加，使等离子弧稳定形成。

（4）当切割结束或断弧时，控制线路应能自动断开。短路和过载时，电源过流保护装置应能处动切断电源，同时控制线路也能随之断开。

2. 控制箱

电气控制箱内主要包括程序控制接触器、高频振荡器、电磁气阀、水压开关等。

3. 水路系统

等离子切割时必须通冷却水，用以冷却喷嘴、电极，同时还附带冷却普通非转移型弧电流的水冷电阻。

冷却水用于冷却割炬，以免在高温时割炬烧坏，冷却供水应连续稳定，冷却水流量应大于 $2\sim3L/min$，水压为 $0.15\sim0.2MPa$，水管不宜过长。

4. 气路系统

气体的作用是作为等离子弧的介质压缩电弧，防止错极氧化和形成隔热层，以保护喷嘴不被烧坏。输出气体的管路不宜太长，气体工作压力一般调到 $0.25\sim0.35MPa$。

气路系统要求连续稳定供气，气体输送管不宜过长，一般采用软尼龙管。气体工作压力一般调节在 0.25～0.35MPa，流量计应安装在各气阀的后面。

5. 割炬

割炬是产生等离子弧的装置，也是直接进行切割的工具。割炬分小车（自动）割炬和手动割炬。割炬主要有保护套、喷嘴、气体分配器、电极、割炬体、气管、电缆线和水管等组成。割炬要求上下枪体之间绝缘可靠、枪体结构简单、密封良好、同心度高、拆装容易、操作灵活。

6.3.2 等离子切割机的使用及维护

1. 使用要求

等离子切割机应安放在洁净、干燥和通风良好的场所。不得靠近易燃、易爆物品和有害工业气体、水蒸气及烟雾的地方，切割机外壳应接地可靠，接地线应用铜线、其截面应大于 $6mm^2$。设备的电源输入线与电网相连时，电源线必须按要求选用，以保证设备的安全。

（1）使用场地的输入电压和输入电缆的截面若低于规定数值，其切割厚度和切割速度将降低。

（2）输入电压为 380V、三相。电极输入线为四芯电缆，其中一根缆线连接机壳接零线。

（3）将气源的供气管道与设备后部的进气口相接，不得漏气。

（4）空气压力若高于规定数值时会影响切割厚度，或不能引弧。低于规定数值时会影响喷嘴的使用时间。

2. 常见故障与排除方法

等离子切割机常见故障与排除方法见表 6-2。

6.3.3 等离子弧切割工艺参数选择

等离子弧切割的主要工艺参数为空载电压、切割电流和工作电压、气体流量、切割速度、喷嘴到工件距离、钨极端部到喷嘴的距离等。

等离子切割机常见故障与排除

表 6-2

故障	产生原因	排除方法
没有高频火花	(1)中间继电器故障； (2)高频变压器故障； (3)高频电容器断路或损坏； (4)火花发生器短路或损坏； (5)输入的三相电源缺相； (6)割炬控制开关损坏或开关控制线断开	(1)检查、更换中间继电器； (2)检查、更换高频变压器； (3)检查、更换高频电容器； (4)检查火花发生器,调整其钨棒间距为 2~3mm； (5)检查三相电源； (6)更换割炬控制开关重新接线
产生"双弧"	(1)电极对中不良； (2)割炬气室的压缩角太小或压缩孔道过长； (3)切割时等离子焰流上翻或是熔渣飞溅至喷嘴； (4)钨极的内伸长度较长,气体流量太小； (5)喷嘴离工件太近	(1)调整电极和喷嘴孔的同心度； (2)改进割炬结构尺寸； (3)改变割炬角度或先在工件上钻好孔； (4)减小钨极内伸长度,增大气体流量； (5)把割炬稍加抬高
切割过程中自动熄弧	(1)空气压缩机的容量太小； (2)空气压缩机的下限调得太低； (3)设备中空气压力开关的控制压力太高； (4)切割时速度太慢； (5)非接触切割过程； (6)切割过程中的喷嘴、电极耗尽	(1)在使用时应选用大于 0.3m³/min 的空气压缩机； (2)应调整至 0.4MPa 以上； (3)调整压力控制器的控制压力大于 0.2MPa； (4)应正确平稳掌握切割速度； (5)喷嘴与工件间的弧拉得过长； (6)应更换新的喷嘴、电极
喷嘴容易烧损	(1)切割电流过大； (2)压缩空气流量不足,喷嘴冷却不好； (3)工件接触喷嘴的侧面时容易烧损； (4)电极与喷嘴的同心度不好； (5)板材太厚,超过了设备使用范围； (6)选用的喷嘴与设备要术不相符	(1)切割电流大于 100A 时,应采用非接触切割方式； (2)增大压缩空气流量； (3)控制喷嘴与工件接触的距离； (4)切割前调好电极与喷嘴的同心度； (5)选择相匹配的切割设备； (6)选用与设备要术相符的喷嘴

故障	产生原因	排除方法
喷嘴急速烧坏	(1)产生双弧而烧坏; (2)气体严重不纯,钨极成段烧断致使喷嘴与钨极短路; (3)操作不慎,喷嘴与工件短路; (4)通水故障或工作时突然断水,转弧时气体流量没有加大或突然停气	(1)出现双弧时,应立即切断电源然后根据产生双弧的原因加以克服; (2)换用纯度高的气体或增加纯装置; (3)防止喷嘴与工件短路; (4)宜采用水压开关的电磁气阀气路,宜采用硬橡胶管
切口熔瘤	(1)等离子弧功率不够; (2)气体流量过小或过大; (3)切割速度过小; (4)电极偏心或割炬在割缝两侧的倾斜角时,易在切口一侧造成熔瘤; (5)切割薄板边缘时.在窄边易产生熔瘤	(1)适当加大功率; (2)把气体流量调节合适; (3)适当提高切割速度; (4)调整电极同心,割炬应保持在割缝所在平面内; (5)加强窄边的散热排除方法
切口太宽	(1)电流太大; (2)气体流量不够,电弧压缩不好; (3)喷嘴孔径太大; (4)喷嘴至工件的距离过大	(1)适当减小电流; (2)适当增大气体流量; (3)适当减小喷嘴孔径; (4)把割炬低些
切口面不光洁	(1)工件表面有油锈、污垢; (2)气体流量过小; (3)操作时移动速度,以及割炬高度掌握不均匀	(1)切割前将工件清理干净; (2)适当加大气体流量; (3)熟练操作技术
切不透	(1)等离子弧功率不够; (2)气体流量太大; (3)喷嘴离工件距离太大	(1)增大功率; (2)降低切割速度,适当减小气体流量; (3)把喷嘴压低

1. 空载电压

一般空载电压在 150V 以上以使等离子弧易于引燃和稳定燃

烧，切割厚度在 20～80mm 范围内，空载电压须在 200V 以上；若切割厚度更大时，空载电压可达 300～400V。

2. 切割电流和工作电压

切割电流和工作电压决定等离子弧的功率。提高功率可以提高切割厚度和切割速度。但若单纯增加电流，会使弧柱变粗、割缝变宽，喷嘴也容易烧坏。为防止喷嘴的严重烧损，对不同孔径的喷嘴有其相应的允许应用极限电流。

等离子弧的切割功率主要依据切割材料的种类和厚度来选择。

3. 气体流量和切割速度

气体流量和切割速度如果选择不当，会使切口和工件产生粘渣、熔瘤等毛刺。

气体流量：直接影响着切割质量，通常切割 100mm 以下的不锈钢，气体流量为（2500～3500)L/h；切割 100～250mm，气体流量为（3000～8000)L/h，引弧气流量为（400～800）L/h。

切割速度：标准合理的切割速度能消除割口背面的毛刺。但切割速度过大，使电弧吹力出现水平分量，使熔化金属沿切口底部向后流，形成粘渣，甚至造成割不透。但若切割速度过低，造成切口下端过热，甚至熔化，也会造成粘渣。若割件已被切透，又无粘渣，则表明切割速度是正常的。

4. 喷嘴与工件的距离

合适的距离能充分利用等离子弧功率，有利于操作。一般不宜过大，否则切割速度下降，切口变宽。但距离过小，会造成喷嘴与工件短路。

对于切割一般厚度的工件，距离以 6～8mm 为宜。当切割厚度较大的工件时，距离可增大到 10～15mm。割炬与切割工件表面应垂直，有时为了有利于排除熔渣，割炬也可以保持一定的后倾角。

5. 钨极端部与喷嘴的距离

钨极端部与喷嘴的距离影响着电弧压缩效果和电极的烧损。

越大，电弧压缩效果越强。但太大时，电弧稳定性反而差。钨极端部与喷嘴的距离太小，不仅电弧压缩效果差，而且由于电极离喷嘴孔太近或者伸进喷孔，使喷嘴容易烧损，而不能连续稳定地工作。

6.3.4　手工切割基本操作

1. 切割准备

（1）割件放在工作台上，使接地线与割件接触良好，开启排尘装置。

（2）根据切割对象，调整好切割电流、工作电压、检查冷却水系统是否畅通和是否漏水。

（3）检查控制系统情况，接通控制电源，检查高频振荡器工作情况，调整电极与喷嘴的同心度。

（4）检查气体流通情况，并调节好气体的压力和流量。

（5）切割前，应把切割工件表面的起切点清理好，使其导电良好。

2. 起切方法

按启动引弧按钮，产生"小电弧"，使之与割件接触。

切割时应从工件边缘开始，待工件边缘切穿后再移动割炬。若不允许从板的边缘起切，则应根据板的厚度，在板上钻出直径为 8～15mm 的小孔为起切点，以防止由于等离子弧的强大吹力使熔渣飞溅，造成熔渣堵塞喷嘴孔或堆积在喷嘴端面上，烧坏喷嘴，使切割难以进行。

3. 切割过程

在起切时，要适时掌握好割炬的移动速度。开始切割时工件是冷的，割炬应停留一段时间，使割件充分预热，待切穿后才能开始移动割炬。如果停留时间过长，会使切口过宽。当电弧已稳定燃烧且工件已切透时，割炬应立即向前移动。

在整个切割过程中，喷嘴到工件的距离应保持恒定，距离的变动会像切割速度掌握不匀一样，使切口不平整。

等离子弧切割时，通常把割炬置于与工件表面垂直的状态下进行。若所使用的割炬功率较大，而又是切割直线时，为提高切割效率和质量，可将割炬在切口所在平面内向切割的反向倾斜 $0°\sim45°$。切割薄板时，此后倾角可大些。采用大功率切割厚板时，后倾角不能过大。

4. 结束切割

按停止按钮，切断电源。

6.4 碳弧气刨

碳弧气刨是利用石墨碳棒与工作间产生的电弧将金属熔化，并用压缩空气将其吹掉，实现在金属表面加工沟槽的方法，如图 6-13 所示。

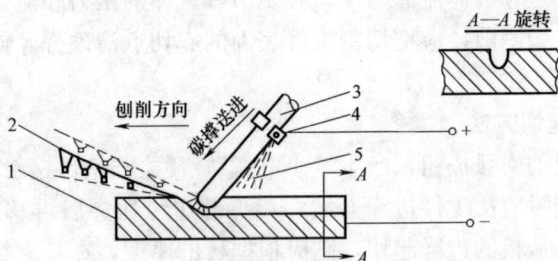

图 6-13 碳弧气刨示意图
1—工件；2—刨渣；3—碳棒（电极）；4—夹钳；5—气流

碳弧气刨与风铲切削比较，具有生产效率高、噪声小、使用方便等优点，因此它在造船、机械制造、锅炉压力容器等金属结构制造中应用很广泛。

利用碳弧气刨可以挑焊根和加工各种形式的焊接坡口，还可以用于刨掉焊缝中的缺陷，并可进行切割。如切割铸件的浇冒口、毛刺，切割不锈钢、铜、铜合金、铝等。

6.4.1 碳弧气刨的设备组成及要求

1. 电源设备

碳弧气刨应采用具有陡降外特性的直流电源，因此，功率较大的硅整流式焊机或旋转式直流弧焊机均可作为碳弧气刨的电源。电源的额定电流应在 500A 左右。

2. 刨枪

碳弧气刨枪有侧面送风式和圆周送风式二种。常用侧面送风式碳弧气刨枪。它的特点是送风孔开在钳口附近的一侧，工作时压缩空气从此处喷出，气流恰好对准碳棒的后侧，将熔化的铁水吹走，从而达到刨槽或切割的目的。

碳弧气刨枪应具有导电性良好，吹出的压缩空气集中而准确，碳棒电极夹持牢固且更换方便，外壳绝缘良好，重量较轻，体积小及使用方便等性能。

3. 碳棒

碳棒用作碳弧气刨时的电极材料。对碳棒的要求有耐高温、导电性良好、组织致密、成本低等。

一般多采用镀铜实心碳棒，其断面形状有圆形和扁形。扁形碳棒刨槽较宽，适用于大面刨槽或刨平面。圆形碳棒多用于刨坡口，清根及切割用。

6.4.2 碳弧气刨的工艺参数选择

碳弧气刨时的工艺参数有极性、碳棒直径、刨削电流、刨削速度、压缩空气压力、弧长、碳棒的倾角和伸出长度等。

1. 极性

碳弧气刨一般碳钢时采用直流反接。此时，熔化金属流动性好，刨削过程稳定，刨槽光滑。

2. 碳棒直径

根据被刨削的钢板厚度选择见表 6-3，还与刨槽的宽度有关，一般碳棒直径比所要求的刨槽宽度小约 2mm。

| 钢板厚度和碳棒直径的关系 | 表 6-3 |

钢板厚度(mm)	碳棒直径(mm)
3	—
4～6	4
6～8	5～6
8～12	6～8
10～15	8～10
15 以上	10

3. 刨削电流

根据不同的碳棒直径选择适当地电流值见表 6-4，在正常电流下，碳棒发红长度约为 25mm。电流过小容易产生"夹碳"现象。

| 常用的碳棒规格及适用电流 | | | | | 表 6-4 |

断面形状	规格(mm)	适用电流(A)	断面形状	规格(mm)	适用电流(A)
圆形	$\phi3\times355$	150～180	扁形	$3\times12\times355$	200～300
圆形	$\phi4\times355$	150～200	扁形	$4\times8\times355$	
圆形	$\phi5\times355$	150～250	扁形	$4\times12\times355$	
圆形	$\phi6\times355$	180～300	扁形	$5\times10\times355$	300～400
圆形	$\phi7\times355$	200～350	扁形	$5\times12\times355$	350～450
圆形	$\phi8\times355$	250～400	扁形	$5\times15\times355$	400～500

4. 刨削速度

刨削速度太快，刨槽深度就会减小，而且可能造成碳棒与金属相接触，使碳进入金属中，形成"夹碳"缺陷。刨削速度的范围一般为 0.5～1.2m/min。

5. 压缩空气压力

压缩空气压力高，刨削有力，能迅速吹走熔化的金属。反之，吹走熔化金属的作用减弱，刨削表面较粗糙。

一般碳弧气刨使用的压缩空气压力为 0.4～0.6MPa。且刨削电流增大时，压缩空气的压力也应相应增加。

6. 弧长

碳弧气刨时，弧长通常控制在 1～3mm 范围内。弧长过短时，容易引起"夹碳"；过长时，电弧不稳定，引起刨槽高低不平、宽窄不均。

7. 碳棒的倾角和伸出长度

碳棒的倾角，如图 6-14 所示。倾角的大小主要影响刨槽的深度。倾角增大，槽深增加。一般采用 30°～45°的倾角。碳弧气刨时，碳棒的伸出长度是指从钳口导电嘴到电弧端的碳棒长度，即伸出长度就是碳棒导电部分的长度。碳棒伸出长度越大，电阻越大，在同样的电流下发热越多，碳棒烧损越快，同时钳口离电弧越远，吹到铁水上的风力也越弱，从而影响铁水的及时排出。若碳棒伸出长度

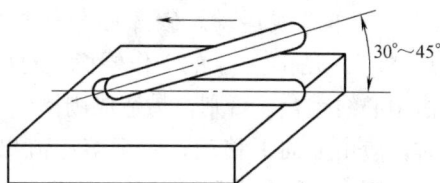

图 6-14　碳棒倾角示意图

太短，则钳口离电弧太近，不仅影响操作者的视线，看不清刨槽方向，而且容易造成刨枪与工作短路。

一般碳棒伸出长度为 80～100mm，当烧损 20～30mm 时，就需要及时调整。

8. 刨缝装配间隙

用碳弧气刨板厚不大的钢板开对接坡口时，应先进行装配，其间隙不宜大于 1mm，否则容易烧穿。或者由于熔化的金属及氧化物嵌入缝隙，不易去除，使焊接时容易产生夹渣。

6.4.3　碳弧气刨基本操作

1. 气刨准备

刨削前应先检查电源的极性是否正确。检查电缆及气管是否

接好。并根据工件厚度、槽的宽度选择碳棒直径和调节好电流。调节碳棒伸出长度为 80～100mm。检查压缩空气管路和调节压力，调正风口并使其对准刨槽。

2. 引弧操作

引弧时，应先缓慢打开气阀，随后引燃电弧，否则易产生"夹碳"和碳棒烧红。电弧引燃瞬间，不宜拉得过长，以免熄灭。

3. 刨削操作

开始刨削时钢板温度低，不能很快熔化，当电弧引燃后，此时刨削速度应慢一点，否则易产生夹碳。当钢板溶化而且被压缩空气吹去时，可适当加快刨削速度。

在刨削过程中，碳棒不应横向摆动和前后往复移动，只能沿刨削方向作直线运动。碳棒倾角按槽深要求而定，倾角可为 25°～45°。刨削时，手的动作要稳，对好准线、碳棒中心线应与刨槽中心线重合。否则，易造成刨槽形状不对称。在垂直位置气刨时，应由上向下移动，便于熔渣流出。要保持均匀的刨削速度。刨削时，均匀清脆的"撕、嘶"声表示电弧稳定，能得到光滑均匀的刨槽。每段刨槽衔接时，应在弧坑上引弧，防止碰触刨槽或产生严重凹痕。

刨削结束时，应先切断电弧，过几秒钟后再关闭气阀，使碳棒冷却。刨槽后应清除刨槽及其边缘的铁渣、毛刺和氧化皮，用钢丝刷清除刨槽内炭灰和"铜斑"。并按刨槽要求检查焊缝根部是否完全刨透，缺陷是否完全清除。

6.4.4 刨坡口操作

1. 刨 U 形坡口

钢板厚度较小时，U 形坡口可一次完成。一般坡口深度不超过 7mm 时，底部可以一次刨成，两侧斜边可按图 6-15（a）所示进行刨削。钢板很厚时，坡口相应开大，可按图 6-15（b）所示次序多次刨削。

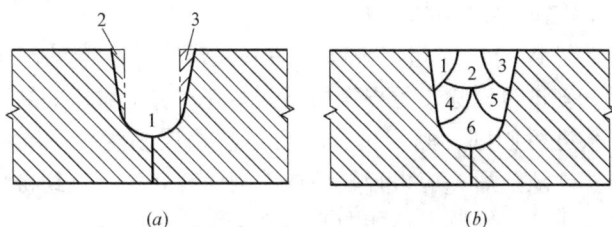

图 6-15 U 形坡口的刨削

（a）开 U 形坡口的刨削次序；（b）厚钢板开 U 形坡口的刨削次序

2. 刨单边坡口

利用碳弧气刨开单边坡口，在现场施工中可发挥其作用，对于厚度小于 12mm 的钢板开半边坡口可一次完成，对于厚度较大的钢板，可以多次刨削来完成。

3. 挑焊根

通常在焊接厚度大于 12mm 的钢板时，需要两面焊。为了保证质量，常在反面焊之前，将正面焊缝的根部刨掉，通常称为挑焊根。它与开 U 形坡口操作相同，并在生产中得到广泛的应用。对容器内、外环缝挑焊根的情况，如图 6-16 所示。

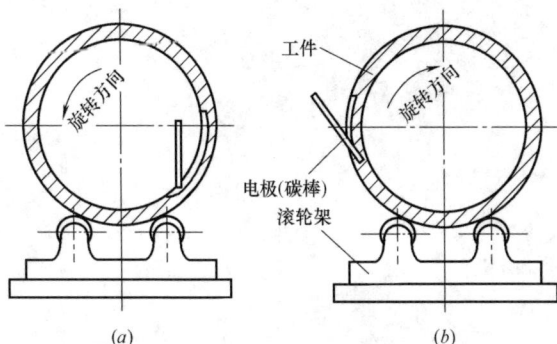

图 6-16 容器内、外环缝的挑焊根

（a）在内环缝上挑焊根；（b）在外环缝上挑焊根

4. 焊缝返修时刨削缺陷

焊缝经 X 射线或超声波探伤后，发现有超标准的缺陷，可用碳弧气刨进行刨除。可根据检验人员在焊缝上做出的缺陷位置的标记来进行刨削。刨削过程中要注意逐层刨削，每层不要太厚。当发现缺陷后，应再轻轻地往下刨一或二层，直到将缺陷彻底刨掉为止，所刨槽形，如图 6-17 所示。

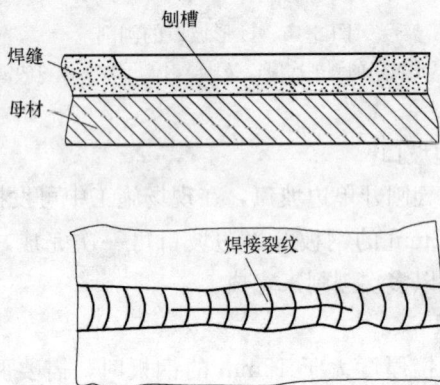

图 6-17 刨除焊缝缺陷后的槽形

7 常用金属材料的焊接

7.1 低碳钢、低合金钢的焊接

7.1.1 低碳钢板对接的横焊单面焊双面成形焊接

1. 焊接工艺参数选择

板状焊缝焊条直径选择和带坡口全焊透焊接工艺参数见表7-1、表7-2。

焊条直径选择的参考数据（mm） 表7-1

焊件厚度	≤1.5	2	3	4～6	6～12	≥12
焊条直径	1.5	2	3.2	3.2～4	4～5	4～6

常用板厚开坡口全焊透焊接参考数据 表7-2

焊件厚度	坡口形状	焊条直径（mm）	焊接电流（A）	电压(V)	焊接速度（cm/min）	备注
4～8	V	$\phi2.5\sim\phi3.2$	75～135	16～22	10～16	
8～12	V	$\phi3.2\sim\phi4.0$	100～145	20～24	14～20	清根
12～20	X	$\phi3.2\sim\phi5.0$	120～180	22～28	16～24	清根
≥38	X	$\phi4.0\sim\phi5.0$	140～200	24～32	22～32	清根

2. 焊条角度控制

在焊接过程中，掌握好焊条角度可控制铁水与熔渣很好分离、防止熔渣超前和控制一定的熔深。立、横、仰焊时，还有防止铁水下坠作用。

（1）平板对接横焊连弧打底焊运条方法及焊条角度，如图

7-1 所示。

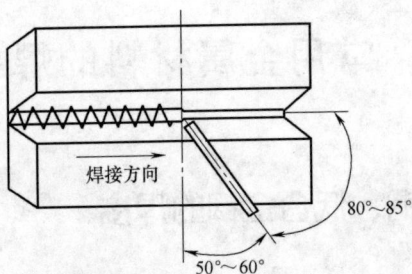

图 7-1　平板对接横焊连弧打底焊运条方法与焊条角度示意图

（2）平板对接横焊断弧打底焊运条方法与焊条角度，如图7-2 所示。当电弧指向上、下坡口时，焊条角度如图 7-3 所示。

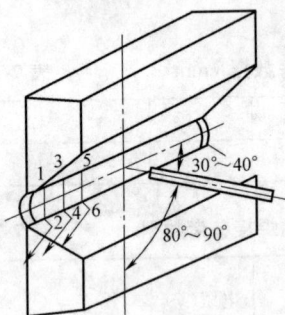

图 7-2　平板对接横焊断弧打底焊运
条方法与焊条角度示意图

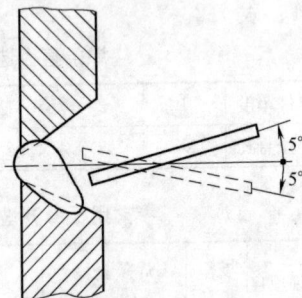

图 7-3　焊条角度

（3）填充层的焊条角度，如图 7-4 所示。

（4）盖面焊采用连弧多道焊接，焊条角度如图 7-5 所示。

3. 焊接操作要点

（1）通过保持正确的角度和掌握好运条的动作，严格控制熔池温度和熔池形状，并不断调整焊条角度和运条动作，使熔池金属的冶金反应完全，气体、杂质排除彻底，并与基体金属熔合良好。

（2）焊接过程中始终要分清铁水与熔渣，且密切注意熔池形

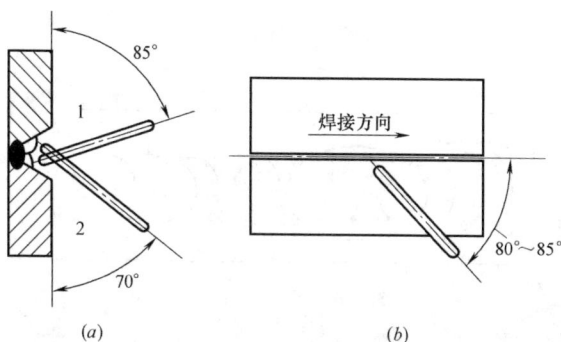

图 7-4 填充层的焊条角度

(a) 焊条与工件夹角；(b) 焊条与焊缝夹角

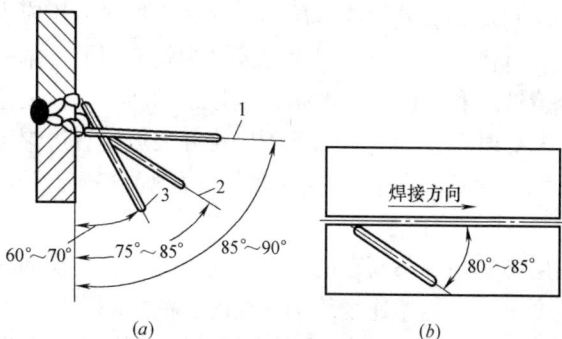

图 7-5 横焊盖面焊时焊条角度

(a) 焊条与工件夹角；(b) 焊条与焊缝夹角

1—下焊道；2—中间焊道；3—上焊道

状，发现椭圆形熔池下部边缘由比较平直的轮廓逐渐鼓肚变圆时，说明熔池温度过高，应立即熄弧，稍作停顿后再次接弧，进行焊接。

填充焊时应注意：焊条摆动到两侧坡口处要稍作停留，保证两侧有一定的熔深并使填充焊道略向下凹；最后一层的焊缝高度应低于母材约 0.5～1.5mm，要注意不能熔化坡口两侧的棱边，以便于盖面焊时掌握焊缝宽度，接头方法如图 7-6 所示，不需向下压电弧。

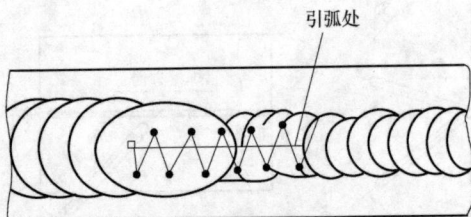

图 7-6　填充层焊接头

（3）当局部组对间隙较大时，应采用"点焊法"即在坡口内两侧点焊，每个焊点既要熔化坡口根部，又要熔化原熔敷金属，而新熔池仍应控制为椭圆形而组成横向焊波。

（4）层间及表层盖面的多层多道焊时，焊接电流应大些，运条速度不宜过快，熔池形状尽可能控制为斜椭圆形。掌握好运条角度，分清铁水和熔渣清亮清晰。当运条到凸处时，运条速度可稍快些，凹处时稍慢些，盖面前不应将外表坡口直边焊满或被电弧吹出弧坑，而造成表面焊缝无规则，使焊缝宽窄不匀，焊缝不直。

盖面层施焊的焊条摆动的幅度要比填充层大。摆动时，要注意摆动幅度一致，运条速度均匀。同时，注意观察坡口两侧的熔化情况，施焊时在坡口两侧稍作停顿，以便使焊缝两侧熔合良好，避免产生咬边，以得到优良的盖面焊缝。注意保证熔池边沿不得超过表面坡口棱边 2mm；否则，焊缝超宽。

7.1.2　小直径管固定焊条电弧焊

1. 小直径管对接水平固定焊

（1）管材固定：一般采用管卡夹具，连接板或直接在坡口内点固焊。水平固定焊的点固焊位置一般对小口径管材应在管径的立平焊两侧。

（2）用碱性焊条时，采用直流反接法，焊条接正接短弧操作。管材焊条电弧焊工艺参数选择参考数据，见表 7-3。

管材焊接电弧焊接工艺参数选择参考数据　　表 7-3

管体规格 （mm）	焊条直径 （mm）	焊接层次 （层/道）	焊接电流 （A）	电压（V）	焊接速度 （cm/min）	备注
$\phi 51/3.5\sim$ $\phi 89/4.0$	$\phi 2.5\sim$ $\phi 3.2$	2	$75\sim135$	$16\sim22$	$6\sim8$	
$\phi 108/4.5\sim$ $\phi 159/8.0$	$\phi 3.2\sim$ $\phi 4.0$	$2\sim9$	$90\sim145$	$20\sim22$	$8\sim14$	
$\phi 219/8\sim$ $\phi 426/27$	$\phi 3.2\sim$ $\phi 5.0$	$3\sim9$	$95\sim175$	$20\sim32$	$12\sim24$	
$\geqslant\phi 600/$ $8\sim16$	$\phi 3.2\sim$ $\phi 5.0$	$3\sim6$	$95\sim180$	$20\sim34$	$18\sim30$	卷板管

（3）当管材水平固定焊时，为保证根部焊透，宜采用小直径焊条。从仰焊部位中心线前 10～15mm 处的坡口内，引燃电弧。当采用酸性焊条焊接时，电弧引燃后应拉长电弧在坡口侧预热2～3滴铁水，熔化后迅速压低电弧使熔滴铁水连接钝边两侧；而采用碱性焊条时，电弧引燃后直接在坡口钝边作微小摆动以形成焊接熔池，短弧操作。

（4）对薄壁管材宜采用断弧连续法进行焊接，起弧并形成熔池后，用跳弧半击穿法，击穿坡口钝边且形成椭圆形成熔孔，再由熔滴将熔孔填满，逐个熔池过渡。

（5）如图 7-7 所示，严格控制熔孔尺寸在所用焊条直径的

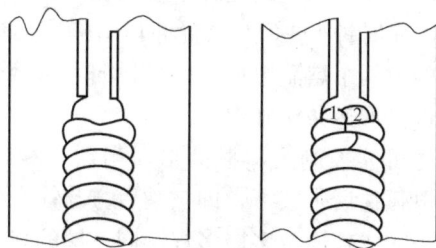

图 7-7　多点焊接法

1.5 倍时可保证焊缝背面焊透，且不出现焊瘤；当熔孔小于焊条直径 1/2 时或未形成熔孔时，就可能产生未焊透。

（6）对口间隙小时，应适当增大电流或将焊条端头紧靠坡口钝边直线运条，以短弧击穿法进行焊接；对口局部间隙较大时，可以在坡口下侧直线堆焊 1~2 道焊肉，清理后再按击穿法进行焊接。

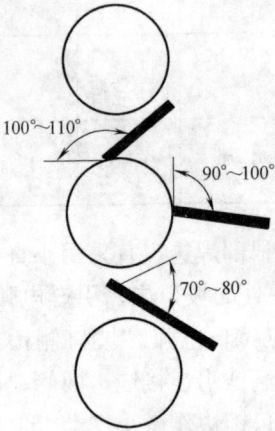

图 7-8　小直径管对接水平
固定焊打底层焊焊条角度

（7）为使铁水与熔渣很好的分离，保证根部焊透，应将运条角度控制好，随着圆周的变化，手腕也随角度不断地沿圆周变化。打底焊时焊条角度，如图 7-8 所示。

（8）焊到平焊时应越过中心线 10~15mm 后熄弧，然后用砂轮机打磨仰焊及平焊接头成斜角较小的缓坡，以便电弧起弧后容易将它击穿焊透，并按上述办法完成另外一个半圆。

（9）对多层的层间焊和盖面焊时层间应仔细清理干净。接头之间应相互错开 15~20mm 左右且熔合良好。

层间多道焊时，其第一道焊接后，应仔细清理夹缝处的熔渣和死角，必要时，应用砂轮机磨出较宽的焊道。层间或盖面焊道焊接时，电流应大一些，运条速度不宜过快。盖面焊时焊条角度如图 7-8 所示，在时钟 5~6 点位置仰焊引弧后，长弧预热仰焊部位，将熔化的前两个熔滴甩掉，以短弧向上送熔滴，采用月牙形运条或横向锯齿形运条法施焊。

熔池开头尽可能控制为斜椭圆形，当铁水和熔渣混合不清时，可略拉长电弧往后带一下，即被吹后方与铁水分离。通常用直线运条方式来完成盖面及多层多焊。同一层的焊道的熔渣不必打掉，在高温下紧接着该层其他焊道的焊接。

（10）盖面层焊接时，运条至两边应稍加停顿，防止咬边，焊缝与母材应圆滑过渡，焊缝应一次完成，若被迫中断时，对采取预热的焊缝应进行保温缓冷，再焊前应检查层间焊道，确认无裂纹等缺陷后，再按原焊接工艺继续施焊。

2. 小直径管对接垂直固定焊

小直径管对接垂直固定管的焊缝是一条处于水平位置的环缝，与平板对接横焊类似，不同的是横焊缝具有弧度，因而焊条在焊接过程中是随弧度运条焊接的。小直径管对接垂直固定焊条电弧焊打底焊按其操作方法可分为连弧焊和断弧焊两种方法。其管材固定、焊接工艺参数选择、焊接操作参见上述"小直径管对接水平固定焊"中相关内容，但应注意以下事项。

（1）将工件横截面分为四段，如图 7-9 所示。*A* 点为定位焊缝；*C* 点为起焊点。先焊 *C-D-A* 位置；后焊 *A-B-C* 位置。同时注意各层焊接时，各个接头应互相错开。

（2）垂直固定焊封底焊时，焊条角度应与管子切线方向相对夹角在 $70°\sim80°$ 之间，如图 7-10 所示。以控制熔渣和熔池为斜椭圆形，并采用半击穿灭弧焊法。

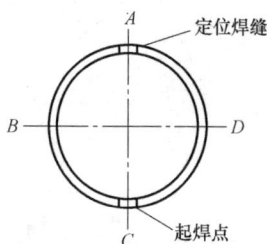

图 7-9　分段焊接示意图

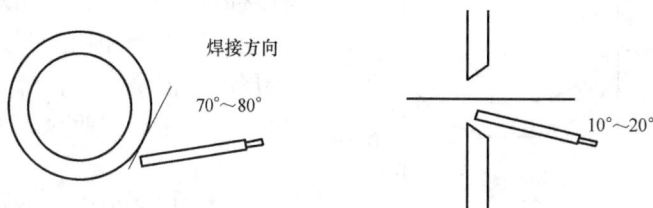

图 7-10　弧焊焊条角度

3. 小径管道的 45°倾斜固定焊

管材固定、焊接工艺参数选择、焊接操作参见上述"小直径管对接水平固定焊"中相关内容，但应注意以下事项。

（1）打底焊采取断弧逐点焊接方法焊接，焊条角度变化如图7-11所示。焊接过程中应注意，在仰焊位焊条顶送深些，必须将铁水送到坡口根部，立焊、平焊位、焊条向熔池顶送浅些。焊条从上坡口向下坡口斜拉过渡时，一定要使熔池铁水呈水平状态。每次引弧时，焊条中心要对准熔池 2/3 左右，使新熔池覆盖前一个熔池 2/3 左右。收弧时，焊条向熔池中少量填充 2～3 滴铁水，熔池缩小后再灭掉电弧。

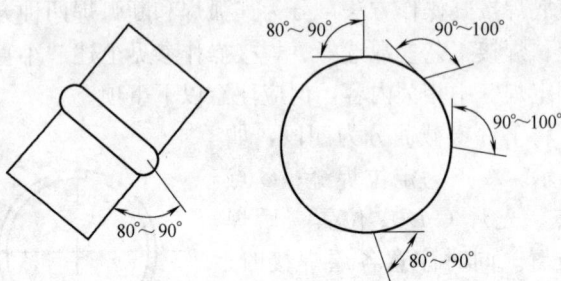

图 7-11　焊条角度示意图

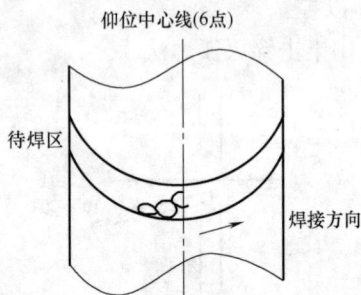

图 7-12　开始部位示意图

（2）盖面焊接可采用断弧或连弧焊两种焊接方法。焊接时，焊条与工件相对位置同打底层焊相同。开始与收尾部位留出一个待焊三角区，便于接头和收尾，如图7-12 所示。

（3）焊条焊完或调整位置收弧时，焊条斜拉至下坡口，待下坡口边缘熔化后，焊条向熔池中填充 2～3 滴铁水，留出一个待焊三角区，熔池缩小后，迅速灭掉电弧。

7.1.3 小直径管板固定焊条电弧焊

1. 小直径管板水平固定焊

焊接工艺参数选择、焊接操作参见上述"小直径管对接水平固定焊"中相关内容，当应注意施焊时焊条与平板夹角为 $40°\sim45°$，焊条与焊接方向管切线的夹角随着焊接位置不同发生相应改变，如图 7-13 所示。

仰焊区段焊条与焊接方向管切线的夹角为 $80°\sim85°$，在仰焊爬坡区段，焊条与焊接方向管切线夹角为 $100°\sim105°$，在立焊区段，焊条与焊接方向管切线夹角为 $90°$ 在立焊爬坡区段，焊条与焊接方向管切线夹角为 $85°\sim90°$，在平焊区段，焊条与焊接方向管切线夹角为 $70°\sim75°$。

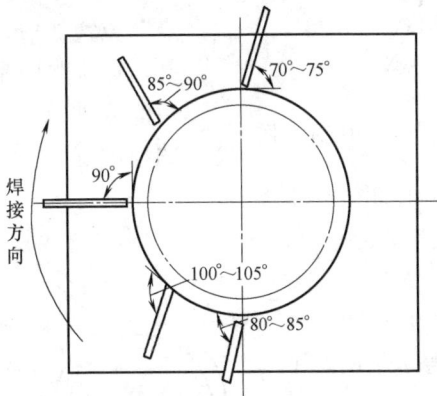

图 7-13 小直径管板水平固定焊焊条与焊接方向管切线的夹角

2. 小直径管板垂直固定焊

焊接工艺参数选择、焊接操作参见上述"小直径管对接水平固定焊"中相关内容，当应注意施焊时焊条与平板间的夹角为 $40°$ 左右，焊条与焊接方向管切线的夹角为 $45°$ 左右。

7.1.4 对接管固定焊条电弧焊

一般采用管卡夹具，连接板或直接在坡口内点固焊。水平固定焊的点固焊位置对于大口径管一般分四点点固焊，即在管径上半圆的立平焊和下半圆的仰立焊两侧点固。

1. 对接管水平固定向上焊

管子水平固定位置焊接分两个半圆进行。右半圆由管道截面相当于"时钟6点"位置（仰焊）起，经相当于"时钟3点"位置（立焊）到相当于"时钟12点"位置（平焊）收弧；左半圆由相当于"时钟6点"位置（仰焊）起，经相当于"时钟9点"位置（立焊）到相当于"时钟12点"位置（平焊）收弧。

焊接顺序是先焊右半周，后焊左半周。焊接时，焊条的角度随着焊接位置变化而变换，角度变化如图7-14所示。

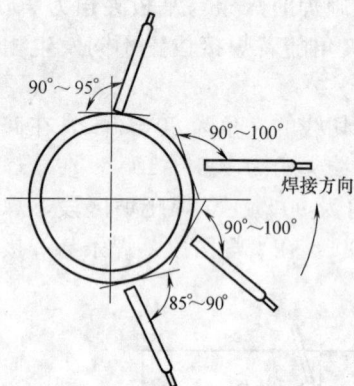

图7-14 焊条角度示意图

焊接工艺参数选择、焊接操作参见上述"小直径管对接水平固定焊"中相关内容。

2. 对接管水平固定下向焊

根焊道焊接时在相当于"时钟12点"位置引燃电弧后，焊条前端对准间隙横向摆动做一个稳弧动作，击穿坡口钝边形成熔孔熔池后，采取连弧焊接，适当拉长电弧并作往返运条，以控制两侧坡口

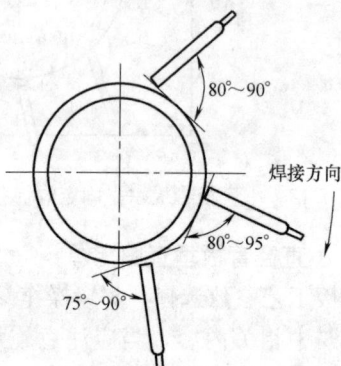

图7-15 焊条角度示意图

钝边熔化 0.5～1mm 为宜。往返运条幅度不要太大，一般应小于焊条直径。焊条角度如图 7-15 所示。

焊接工艺参数选择、焊接操作参见上述"小直径管对接水平固定焊"中相关内容。

3. 对接管垂直固定焊

打底焊可采用连弧或断弧焊接。断弧焊接时采用逆时针方向焊接。焊条与工件下侧夹角为 75°～80°，与管子切线的焊接方向夹角为 70°～75°，如图 7-16 所示。

焊接工艺参数选择、焊接操作参见上述"小直径管对接水平固定焊"中相关内容。

7.1.5 大直径管全位置下向焊条电弧焊

手工电弧下向焊适用 ϕ219 以上的大径线的全位置下向焊接，也适用薄壁板材的立下向焊接。

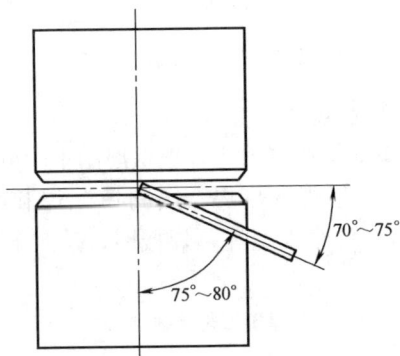

图 7-16 对接管垂直固定焊打底焊焊条角度

1. 焊接材料选用

选用高纤维素型酸性渣系薄药皮焊条，使用前烘干温度为 80℃，保温 0.5～1h，烘焙中应严格控制焊条的烘干温度，当烘干温度超过 120℃时部分有机物易分解。

2. 焊前准备

(1) 将焊前坡口内外两侧 25mm 处的锈，油污等杂物清理干净，至露出金属光泽，以免在焊接过程中产生气孔。

(2) 坡口角度为 30°±5°，坡口修磨时不得有内凹或凸出面来，应将坡口面修直，否则会影响焊接质量。

(3) 采用对口器（指长输管线）组对，对一般管线可采用连接板或焊条电弧焊点固。对口错边量应小于 1.5mm，组对间隙应控制在 1.5～2.0mm，坡口钝边为 1～1.5mm。如图 7-17 所示。

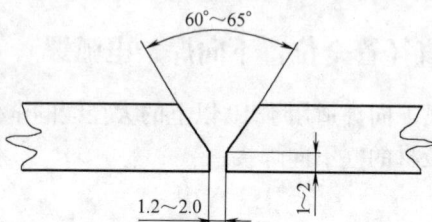

图 7-17 管材组对示意图

3. 焊接工艺参数

手工下向焊的焊接层数应根据壁厚的不同可分为四层（一般不少于三层），即根焊、热焊、层间填充焊和盖面焊，当采用 E4311（J425×）纤维素型焊条焊接时，手工下向焊接时各层的工艺参数见表 7-4。

焊接工艺参数参考表 表 7-4

焊接层次		焊条直径（mm）	电流极性	焊接电流（A）	电弧电压（V）	焊接速度（cm/min）
根焊道	1	3.2	直流反接	80～95	24～28	15～20
热焊道	2	4.0	直流反接	135～155	25～30	25～35
填充焊道	3～4	4.0	直流反接	150～170	30～35	20～35
盖面焊道	5	4.0	直流反接	130～150	25～30	22～30

4. 焊接操作要点

(1) 用纤维素型下向焊条焊接时，由于焊接速度快，焊接电流大，焊道焊肉薄，焊接层数多（壁厚 6～9mm 的管材焊四层），除第一层填充外，各焊层/道的均采用多层多道焊。

(2) 根焊（封底焊）焊接时，焊条不作摆动。采用直线运条、短弧、浅弧焊接。当间隙较大或下向拉的过快熔孔过长时，可作往返运弧。焊条应轻压在坡口根部，使电弧在坡口里面成型，用手下向拖拉焊条前进，每次前进 5～8mm。为保证接头处质量，更换焊条速度要快。

(3) 点固焊及顶部和底部接头处应用砂轮机磨出一个带坡度的 U 形圆滑的倒角以便接好接头。当焊接到点固焊上的接头时，应控制好运条的角度，在离 U 形倒角 2～4mm 时，压低电弧、顶住熔池，不让熔渣超前盖住熔孔，向坡口内略深顶一下，击穿最薄的 U 形槽口，使之熔合。

(4) 底部接头时，应在接头前 10mm 处引弧，运条到接头前 2mm 时作向上顶的动作，击穿修磨的 U 形槽后向前往返运条焊接；对上部平焊时的接头，当运条至上接头 3～5mm 时，焊条角度下向倾斜略大一些，压短电弧下向顶一下，击穿 U 形槽以后，再向前往返运条至 10～15mm 在一侧收弧。焊条角度，如图 7-18 所示。

(5) 第二层的焊接和根焊道的相隔间隙时间应不宜太长，层

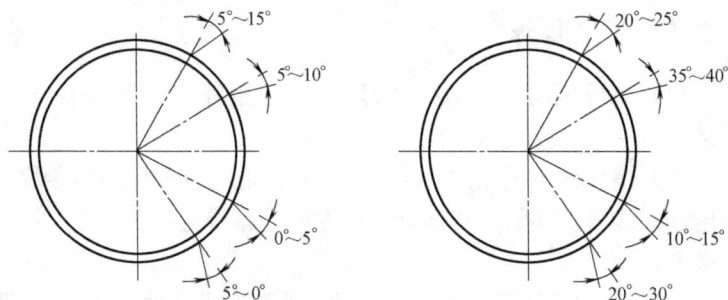

图 7-18　焊条角度

131

间温度不宜过低。这就要求操作者预先将清理的准备工作做好，在根部焊道结束后，立即清渣和修磨。热焊焊接时，焊条作前后往返来回运条，焊接速度及动作要快且连贯，并在坡口内略作横向摆动以填充坡口两侧。电弧高度保持在 3mm 左右。

（6）填充焊时，填充层按壁厚或坡口大小可分为一层二道（一层一道）或二层五道（第一层二道、第二层三道）不等。焊接时，焊条角度与热焊时基本一致，焊条可作轻微的左右摆动，如坡口角度小时可直接往下拉，不作摆动，当焊条运弧至下部 5 点时，做轻微的划圈拉弧动作，电弧要低，电弧高度应在 2～3mm 为宜。

（7）盖面焊道，焊接时电流应适当减小，焊条下向左右摆动幅度要适当，以熔化坡口边缘在 1.6mm 左右。采用较小电流，运条要均匀，电弧要低，焊道高度为 1～2mm 为宜，便于焊缝与母材均匀过渡，波纹细致。收弧时焊条倾角要大一些，到达收弧点时要按焊点切线方向收弧要慢，避免形成表面缩孔并保证焊道均匀过渡。

7.2 不锈钢的焊接

本节适用于奥氏体型不锈钢手工钨极氩弧焊和焊条电弧焊的焊接操作技术工作。

7.2.1 焊接准备

（1）对单面焊双面成形的焊道，应做好背面气体保护的工装。

（2）奥氏体不锈钢的焊接，对接头性能起重要作用的参数是温度和线能量。不管采用何种焊接方法，焊前均不必预热，且焊后采取快速冷却。

（3）对厚度大于 60mm 的焊件，为降低焊接收缩应力，可预热到 100～150℃，焊接过程应尽可能保持低的层间温度，焊后空冷。

（4）焊接线能量参数有电流、焊接速度，选择较小的电流和较快的焊接速度。

（5）工件的组对不允许在母材上点焊临时卡具，应以定位焊固定，定位焊的要求应与正式焊接相同并符合下列规定：

1）定位焊的间距、长度参见表7-5，焊肉高度不超过壁厚的 2/3。

定位焊的间距及长度参考表（mm）　　　　　表 7-5

工件厚度	≤4	4～8	≥8
间距	80～120	150～200	200～300
长度	10～15	10～20	15～25

2）定位焊应在坡口内引弧点焊，管道沿圆周均匀分段点焊3～4处，直径小于 $\phi108$ 的管子可点焊点。

3）较长焊缝的定位焊应对称进行，点焊时发现的裂纹、气孔等缺陷，成铲除重焊。

（6）奥氏体不锈钢与碳素钢、耐热合金钢之间组成异种钢焊接接头时，通常选用含镍量较高的焊条；对重要结构组成的焊接接头时应选用奥 302（A302、A307）或奥 402（A402、A407）焊条。不锈复合钢过渡层的焊接，宜选用奥 402 焊条作为过渡层焊缝。

7.2.2　不锈钢的手工钨极氩弧焊

（1）不锈钢的钨极氩弧焊设备宜采用有衰减脉冲性能的焊机，对超低碳不锈钢不许采用无衰减或钨棒接触母材引弧的焊接方法。

（2）采用单面焊背面成型的管道或板材焊接时，管内或背面必须充氩气保护，以保证内壁成型和焊缝不受氧化。对于小直径管可整管充氩气或分段充氩气组装焊接，对其中间接头焊缝可用水溶纸把所焊管口两侧堵住，一般距管焊口 200～300mm 左右，水压试验时，水溶纸自行溶化。

（3）整管充氩气时将管子的一端用软木塞塞住，另一端木塞中心打一个 $\phi5\sim\phi8$ 的孔充入氩气，如图 7-19 所示。

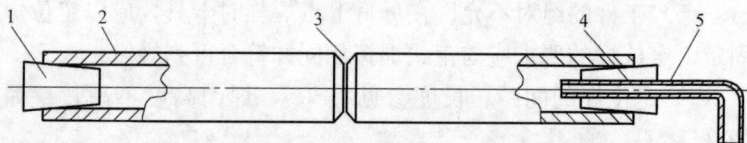

图 7-19　整管充氩气示意图

1—木塞；2—管子；3—焊口；4—插管木塞；5—氩气插管

（4）对直径大于 $\phi108$ 管道，应采用局部充氩气保护方法，施焊前将堵板加在坡口两侧，形成隔离充气小室，由一端充气，加一端小孔出气以排除空气。始终形成内壁的保护气流如图7-20所示。

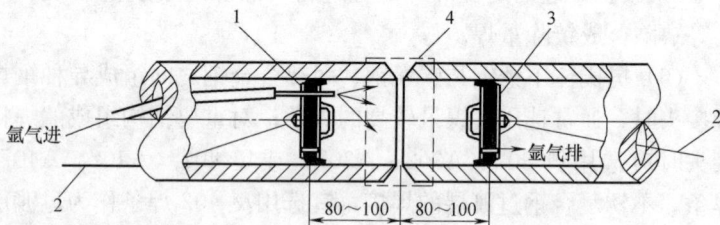

图 7-20　氩气保护罩构造和进气排气示意图

1—进气罩；2—不锈钢丝；3—排气罩；4—胶布

（5）堵板制作如图 7-21 所示，一般氧气流量在 $8\sim10L/min$，为减少氩气的流失，应沿焊口间隙一周贴上胶布，边焊边揭去胶布。焊接开始后应持续充氩气，否则影响焊接质量。

（6）氩弧焊接时，焊枪不作横向摆动，仅使电弧在坡口钝边两侧略有移动且始终保持稳定向前。坡口熔化后填充焊丝作点滴状熔入熔池，焊丝和焊枪均速或断续前移。断续方法是：添加焊丝的焊枪不动，当焊丝滴入熔池后，即退出电弧区域，焊枪稍作

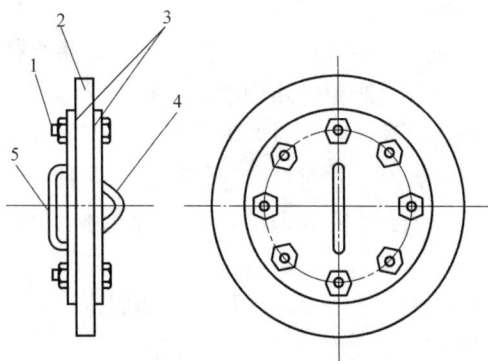

图 7-21　堵板制作示意图

1—不锈钢螺栓；2—橡皮板；3—不锈钢板；4—手柄；5—不锈钢拉柄

摆动使之与坡口钝边熔合，且等速前进，焊丝进、出熔池应迅速，焊丝端部应始终处在喷嘴氩气保护区域内，以防焊丝端头氧化。

（7）手工氩弧焊接时，在保证熔透的情况下，应严格控制线能量和层间采用窄焊道、快焊速。收弧时才应稍多加一点焊丝，将弧坑填满，以防缩孔。每层应一次焊完，当多层焊时，接头应错开。

7.2.3　不锈钢的焊条电弧焊

（1）焊条通常采用钛钙型和低氢型两种。钛钙型不锈钢焊条使用者较多，低氢型不锈钢焊条的抗裂性能较高，但抗腐蚀性稍差，当焊接裂纹敏感性较大的构件时，应选用低氧型焊条。

（2）采用快焊速及窄焊道，以防止焊接接头在危险温度范围内（450～800℃）停留时间过长而产生晶间腐蚀，并防止接头过热而产生裂纹。

一般焊接电流比碳钢焊接时降低 20% 左右，焊接电流也可按焊条直径的 25～35 倍进行估算。

（3）焊接电源最好选用直流焊机，采用直流反接，即焊条接

135

正极。焊接时短弧操作，焊接过程中焊条不作（或稍作）横向摆动。一次焊成的焊缝不宜过宽，一般不超过焊条直径的 3 倍。

（4）焊接过程宜避免电弧中断，更换焊条速度要快，待接头熔合好后再向前移动，收弧时要填满弧坑。多层焊接时，每焊完一层须彻底清除熔渣，并对焊缝仔细检查，并且等到前层焊缝冷却后（＜60℃），再焊接下一层。对较厚的材料应采用多层多道焊。

（5）在允许的条件下可采用强制冷却措施，如喷水、压缩空气吹等，以防止由于过热而产生晶间腐蚀。

一般情况下应自然冷却。在采用双面焊接时与腐蚀介质接触的一面应最后焊接。

（6）可将一根焊条分两次交替焊接。以免较大电流焊接时，焊条易发红影响焊接质量。

（7）焊接薄板结构时，变形量大，只能采取冷矫正，不能采用加热方法进行矫正或整形。

7.2.4 不锈复合钢板的电弧焊

（1）工件组对时应以复层为基准，防止错边过大影响复层焊接质量。V 形坡口不锈复合钢多层焊接顺序，如图 7-22 所示。定位焊选用基层焊条如图 7-22（a）所示。基层焊完后用砂轮磨去焊根和不锈层如图 7-22（b）所示。选用过渡焊条，焊接过渡层如图 7-22（c）所示。选用复层焊条，焊接复层如图 7-22（d）所示。

不锈钢复层单面焊的焊接顺序，如图 7-23 所示。

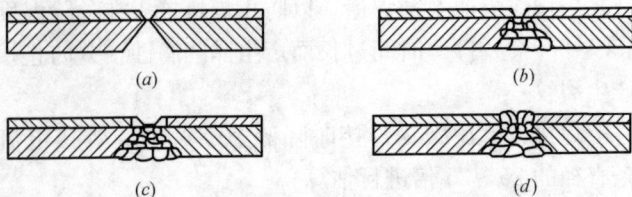

图 7-22 V 形坡口不锈复合钢多层焊接顺序图

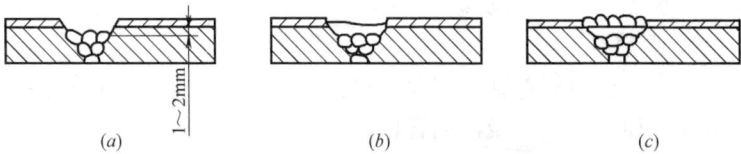

图 7-23 不锈钢复层单面焊的焊接顺序图

（2）焊接不锈复合钢应最后施焊复层，焊接时严防焊接基层、过渡层的焊条焊到复层面上，如果飞溅落在复层坡口表面时，应仔细清除。

（3）焊接不锈复合钢过渡层时，为减少焊缝稀释率，应采用直径较小的焊条，且在保证焊透的条件下，尽可能采用小的规范参数。单面焊应将根部熔透；双面焊在反面焊接时，应将焊缝根部焊瘤、熔渣和未焊透等彻底铲除。

（4）多层焊接时，每层焊缝应连续焊完，且层间温度不宜过高，焊接层数不宜过多，各层接头应错开，焊接时应注意防止焊接热裂纹。

（5）抗腐蚀性要求高的不锈钢设备、容器，与介质接触面的焊缝应最后施焊。

（6）焊后一般应对焊缝及附近表面进行下列处理：

为除去表面非耐腐蚀物和在钢材表面形成一定的保护膜，以提高抗腐蚀能力，根据技术要求应进行酸洗和钝化处理，一般应对焊缝和钢材表面进行下列处理：

1）清除焊缝表面熔渣、飞溅和涂刷的白垩粉等。

2）涂刷酸洗钝化膏，停留一定时间后，用清水冲洗并吹干。

7.3　有色金属的焊接

7.3.1　铝及铝镁合金的焊接工艺

本节适用于铝及铝镁合金制造安装的容器、管道铝制金属结构的钨极手工氩弧焊的操作工艺。

1. 焊前准备

（1）焊接材料包括：焊丝、保护气体、电极等，所用焊接材料应具有质量证明书及产品合格证。

1）焊丝的选用：应使焊缝金属的抗拉强度不低于母材的标准抗拉强度下限值或指定值，并使焊缝金属的塑性和耐蚀性不低于或接近母材，且满足图样要求。

2）氩气：氩弧焊所用氩气纯度不应低于 99.95％，露点不高于－50℃，当瓶内氩气压力低于 0.5MPa 时不宜使用。

3）电极：钨棒应首选铈钨极，电极直径根据焊接电流大小选择，一般选择钨极牌号为 WCE-20 规格 $\phi4.0$，端头磨成锥形。

（2）焊接坡口形式和尺寸应按图样要求，或根据工艺要求选用常用定型的形式和尺寸。

（3）坡口加工应采用机械方法或用等离子弧等方法加工。加工后的坡口表面不得有裂纹、分层、夹渣、毛刺等缺陷，有污染时应打磨出金属光泽。

（4）焊件组对和施焊前应对焊件坡口、垫板及焊丝进行清理。两侧坡口的清理范围不应小于 50mm。应先用丙酮等有机溶剂去除表面的油污，再用机械法或化学法清除表面氧化膜。

1）机械法清理：坡口及两侧表面应采用刮削、锉削或铣削，也可采用不锈钢丝刷（轮）清理，并应露出金属光泽。焊丝表面应用不锈钢丝刷或干净的油砂纸擦洗。钢丝刷应定期进行脱脂处理。

2）化学法清理：应采用 5％～10％的氢氧化钠溶液，在温度为 70℃下浸泡 30～60s，然后水洗，再用 15％左右的硝酸在常温下浸泡 2min，然后用温水洗净，并使其干燥。

（5）清理好的焊件和焊丝应保持干燥和加以保护，并及时施焊，不得有水迹、碱迹或污损。

（6）当焊件和焊丝清理后超过 8h 未焊时，且无有效的保护措施，则焊接前应重新清理。

（7）焊件组对要求：

1）焊接定位焊缝时，应采用与正式焊接相同的焊丝和评定合格的焊接工艺，并应由合格焊工施焊。

2）设备定位焊缝的长度、间距和高度宜符合表 7-6 的规定，管道定位焊缝尺寸应符合表 7-7 的规定。

设备定位焊缝尺寸（mm）   表 7-6

板厚	间距	焊缝高度	长度	
			纵缝	环缝
1～3	20～60	1～3	5～15	10～20
3～8	60～180	3～4	15～25	20～30
8～14	]80～250	3～6	20～30	30～40
＞14	250～350	4～6	30～50	40～70

管道定位焊缝尺寸（mm）   表 7-7

公称尺寸	位置与数量	焊缝高度	长度
≤50	对称 2 点	据焊件厚度确定	5～10
＞50,≤150	均布 2 点～3 点		5～10
＞150,≤200	均布 3 点～4 点		10～20

3）正式焊接前应对定位焊缝进行检查，当发现缺陷时，应及时处理。定位焊缝表面的氧化膜应清理干净，并应将其两端修整成缓坡形。

4）拆除定位板时不应损伤母材，拆除后残留的焊疤应打磨至与母材表面齐平。

5）焊件不得强行组对，组对后的接头应经检验合格方可施焊。

（8）当焊缝背面需加设永久性垫板时，垫板材质应符合设计规定；当设计无规定时，垫板材质应与母材相同，垫板上应开有容纳焊缝根部的沟槽。当焊缝背面需加设临时垫板时，垫板应采用对焊缝质量无不良影响的材质。

（9）管道对接焊缝组对时，内壁错边量的要求如下：

1）当母材厚度小于或等于 5mm 时，内壁错边量不应大于 0.5mm。

2）当母材厚度大于 5mm 时，内壁错边量不应大于母材厚度的 10%，且不应大于 2mm。

（10）设备对接焊缝的错边量的要求如下：

1）当母材厚度小于或等于 12mm 时，纵缝、环缝错边量均不应大于 1/5 母材厚度。

2）当母材厚度大于 12mm 时，纵缝错边量不应大于 2.5mm，环缝错边量不应大于 1/5 母材厚度且不应大于 5mm。

（11）不等厚对接焊件组对时，薄件端面应位于厚件端面之内。当外壁错边量大于 3mm 或内壁错边量大于焊接规范规定时，应对焊件进行加工。

2. 焊接操作要点

（1）采用手工钨极氩弧焊时，如焊接厚度大于 10mm 时焊前应预热，预热温度一般控制在 100～150℃；焊接过程中也需不断辅助加热，其层间温度应不低于预热温度。

（2）当焊件温度低于 5℃时，应在施焊处 100mm 范围内预热至 15℃以上。

（3）焊接过程中应清除焊层焊道间的氧化物夹杂等缺陷。双面焊应清理焊根，显露出正面打底的焊缝金属。

（4）宜采用大电流快速施焊法，焊丝的横向摆动不宜超过其直径的 3 倍。弧坑应填满，接弧处应熔合焊透。

（5）施焊前，应预先在工件两端焊上引弧及引出板，在引弧板上先试焊，确认无缺陷后再从引弧板上起弧开始焊接。引弧板和熄弧板的材质应与母材相同。

（6）开始引弧焊接时，应预先打开氩气保持流通几秒钟以排除空气，再引燃电弧并保持电弧长度在 2～3mm。

（7）手工氩弧焊时，采用左向焊法，焊炬与工件夹角约 70°～80°，电弧稳定燃烧后，在起焊点停留 5～10s 等形成明亮清洁的熔池后，才能添加焊丝。

（8）施焊的两手动作要协调，加焊丝的手要灵活，焊丝送进依靠小拇指与中指的夹持，以及大拇指与食指之间的捻动来进行。

（9）焊枪应沿焊缝以一定速度移动，如熔池温度过高，可停弧，但焊枪不能抬起，利用氩气继续保护熔池，降温后再接通开关继续焊接；如温度较低时，应降低焊速在焊接前方加热后焊接。

（10）焊丝端部不应离开氩气保护区，焊丝与焊缝表面的夹角宜为 15％焊枪与焊缝表面的夹角宜为 $80°\sim90°$。

（11）多层焊时宜减少焊接层数，道间温度不应高于 150℃。

（12）对于公称尺寸大于或等于 600mm 的管道和设备，宜采用两人双面同步氩弧焊工艺。

（13）当钨极前端出现污染或形状不规则时，应进行修正或更换钨极。当焊缝出现触钨现象时，应将钨极、焊丝、熔池处理干净后再继续施焊。

（14）焊件应采用下列防止变形措施：

1）焊接顺序应对称进行，当从中心向外进行焊接时，具有大收缩量的焊缝宜先施焊，整条焊道应连续焊完。

2）不等厚对接焊件焊接时，应采取加强拘束措施，防止对应于焊缝中心线的应力不均匀。

3）焊件宜进行刚性固定或采取反变形方法，并应留有收缩余量。

（15）需收弧时，焊枪从工件逐渐提起并继续添加焊丝使弧坑填满，然后把熔池收成尾巴形。同时断开电源继续送气至工件冷却。

3. 焊后处理

（1）焊后留在焊缝及附近的残存焊剂和焊渣等会破坏铝表面的钝化膜，且还会腐蚀铝件，应清理干净。

（2）对形状简单，要求一般的工件可用热水或蒸气冲刷等简单方法清理干净。

（3）对要求较高的铝件，在热水冲刷以后，再在 $60\sim80℃$ 左右，浓度为 $2\%\sim3\%$ 的铬酐水溶液或重铬酸钾熔液中浸洗 $5\sim10min$，并用硬毛刷洗刷，然后在热水中冲洗，自然干燥。

7.3.2　铜及铜合金焊接工艺

适用于常用的铜及铜合金制造的设备、管道焊接。焊接方法宜用氧-乙炔的熔焊和手工钨极氩弧焊。

1. 焊前准备

（1）母材及焊接材料，应有出厂质保书或质量复验合格证明。对于重要的焊接工程，使用前应按工艺评定要求进行焊接工艺性能试验。

（2）纯铜及黄铜的切割和坡口加工应采用机械或等离子弧切割方法。

（3）焊件组对和施焊前，坡口及两侧不小于 20mm 范围内的表面及焊丝，应采用丙酮等有机溶剂除去油污，并应采用机械方法或化学方法清除氧化膜等污物，使之露出金属光泽；当采用化学方法时，可用 30% 硝酸溶液浸蚀 $2\sim3min$，用水洗净并干燥。

（4）管道对接焊缝组对时，内壁错边量不应超过母材厚度的 10%，且不大于 1mm。不宜在焊缝及其边缘开孔。

（5）设备对接焊缝的错边量的要求如下：

1）当母材厚度小于或等于 12mm 时，纵缝、环缝错边量均不应大于 1/5 母材厚度。

2）当母材厚度大于 12mm 时，纵缝错边量不应大于 2.5mm，环缝错边量不应大于 1/5 母材厚度且不应大于 5mm。

（6）不等厚对接焊件的组对，当内壁错边量超过以上（4）和（5）中的规定数值或外壁错边量大于 3mm 时，应对焊件进行加工。

（7）设备、容器相邻筒体或封头与筒体组对时，纵缝之间的距离不应小于 100mm。

（8）焊接定位焊缝时，应采用与正式焊接要求相同的焊接材料及焊接工艺，并应由合格焊工施焊。当发现定位焊缝有裂纹、气孔等缺陷时应清除重焊。

2. 铜及铜合金的氧-乙炔熔焊

（1）采用单面焊接接头时，应采取在背面加垫板等措施。

（2）铜管焊接位置宜采用转动焊，铜板焊接位置宜采用平焊。

（3）可根据焊件结构、大小、厚度及焊工操作水平，合理选择焊枪、焊嘴。一般情况可参照表 7-8 选用。

焊枪、焊嘴的选择   表 7-8

壁厚(mm)	焊炬型号	焊嘴容量(L/h)	焊嘴孔径(mm)	可换嘴数(个)
≤1	H01～2(特小号) 或 H01～6	100～300	0.5～0.9	5
4、5	H01～6(小号)	225～350	0.9～1.4	5
6～10	H01～12(中号)	500～700	1.4～2.2	5
≥10	H01-20(大号)	750～1000	2.2～3.0	5

施焊时，应使焰心尖端与工件距离保持 3～5mm，焊嘴中心线应在焊缝垂直面上。

（4）施焊前应对坡口两侧 150mm 范围内进行均匀预热。当板厚为 5～15mm 时，预热温度应为 400～500℃；当板厚大于 15mm 时，预热温度应为 500～550℃。

焊前应将焊剂用无水酒精调成糊状涂敷在坡口或焊丝表面；也可在施焊前将焊丝加热后蘸上焊剂。

（5）每条焊缝宜一次连续焊完。宜采用微氧化焰和左焊法施焊。宜采用单层单道焊。当采用多层多道焊时，底层焊道应采用细焊丝，其他各层宜采用较粗焊丝。各层焊道表面熔渣应清除干净，接头应错开。

（6）异种黄铜焊接时，火焰应偏向熔点较高的母材侧。

（7）应采取防止焊接变形、降低焊接残余应力的措施。焊后可对焊缝和热影响区进行热态或冷态锤击。

（8）对过厚或大的焊件，应二人进行操作，一人进行预热，一人进行焊接。预热焊炬应在熔池前 50～100mm 处不停地沿焊缝前后左右摆动，预热焊炬在任何情况下不得与熔池接触，预热焊炬应随时调节远近来控制焊接温度。

（9）焊缝采用多层焊时，应采用多层单道焊。打底焊宜选用细焊丝，过渡层宜选用较粗焊丝，以减少焊接层数。各层焊缝表面应清除干净，接头应错开，焊缝余高为 1～2mm，焊缝宽度以坡口两侧加宽 1～2mm 为宜。焊接层数的选择见表 7-9。

焊接层数的选择 表 7-9

焊件壁厚(mm)	焊接层数	焊件壁厚(mm)	焊接层数
≤3	1	8～12	2～3
3～8	1～2	12～20	3～4

（10）黄铜焊后应进行热处理，热处理前应对焊件采取防变形的措施。热处理加热范围以焊缝中心为基准，每侧不应小于焊缝宽度的 3 倍。

（11）热处理温度应符合设计文件的规定。当设计无规定时，消除焊接应力热处理温度应为 400～450℃。退火热处理温度应为 500～600℃。

（12）对热处理后进行返修的焊缝，返修后应重新进行热处理。

3. 黄铜的手工钨极氩弧焊焊接

黄铜手工氩弧焊适用于黄铜结构或黄铜铸件缺陷的补焊工作。由于黄铜比紫铜的导热性和熔点低，以及含有容易蒸发的元素锌等特点。

（1）焊丝选用：可采用标准黄铜焊丝，如丝 221、丝 222 和丝 224，也可采用与黄铜母材相同成分的材料作填充金属。为了减少焊接过程中锌的蒸发，采用 QSi3～1 青铜作为填充焊丝可得到满意效果。

（2）焊接时应采用直流电源，母材接正极。

（3）焊接前应检查坡口的质量，不应有裂纹、分层、夹渣等缺陷。当发现缺陷时，应修磨或重新加工。

（4）当焊件壁厚大于或等于 4mm 时，焊前应对坡口两侧 150mm 范围内进行均匀预热，纯铜预热温度应为 $300\sim500℃$，黄铜预热温度应为 $100\sim300℃$。焊缝道间温度不应低于预热温度。

（5）每条焊缝宜一次连续焊完。

（6）焊接过程中发生"触钨"时，应将钨极、焊丝和熔池处理干净方可继续施焊。

（7）当焊接厚度大于 12mm 时或两侧厚薄差较大时才需预热。焊接速度应快一些，厚度小于 5mm 以下的应一次焊完。

（8）焊后处理：参见上述"铜及铜合金的氧乙炔熔焊"中相关内容。

7.4 异种金属材料的焊接

7.4.1 碳素钢与低合金钢及碳素钢与不锈钢的焊接

对于碳素钢与低合金钢及不锈的焊接，在焊接时只要适当地选择焊条和焊接电流即可，焊条的选择可参见上述章节相关内容，也可以使用气体保护焊的方法进行焊接。

7.4.2 铸铁与钢的焊接

电弧热焊应选用合适的焊条，在焊接时，电弧应稍偏向铸造铁的一侧，这样可保持焊缝的熔合比，从而避免咬边、熔合不良等缺陷。

采用冷焊时，应对坡焊件开坡口，灰铸铁一侧坡口大，碳素钢开坡口较小，再进行焊接，必要时在铸造铁一侧钻孔攻螺纹并装置螺钉在焊接，也可以先在铸造铁一侧先用焊条焊接过渡层，再进行对焊接，或者采用气体保护焊。

7.4.3 紫铜、黄铜与低碳钢焊接

焊前应将低碳钢上的氧化物清理干净，露出金属光泽。选用钢与铜合金焊条如镍基焊条或镍铜合金焊条，进行直接焊接。

黄铜与低碳钢钎焊时应注意预热温度，低碳钢一般预热温度不能过高。一般当低碳钢焊件呈暗红色（700～800℃）黄铜达到熔点，应迅速提高焊炬，焰心稍离工件 7～10mm，并偏向低碳钢焊件。

采用预先制好的双金属元件为过渡接头，先将钢与双金属接头钢部分焊接，再将铜与双金属接头铜侧相接，焊接时，可采用火焰钎焊焊接或气体保护焊接及焊条电弧焊接，均可以得到满意效果。

7.4.4 不锈钢与铜的焊接

采用钎焊和气焊的方法，如采用焊条电弧焊的方法则电弧应偏向铜母材金属一侧，以防止铜散热过快，影响焊接。

焊前应将不锈钢被焊处用粗锉锉毛，使之增加与铜的粘合性，选用 HS221 锡黄铜焊丝作为填充金属（也可用银焊丝），宜采用乙炔稍过量的碳化焰焊接。

8 焊接接头质量控制

8.1 控制焊接变形和减小焊接应力的措施

焊接残余应力和残余变形（也称焊接变形）对焊件的结构和性能均有不利影响，故应减小残余应力并控制残余变形不致过大，使其符合焊接规范的相关规定，否则应进行矫正。

残余应力和残余变形在焊接结构中是互相关联的。若为了减小残余变形，在施焊时对焊件加强约束，则残余应力将随之增大。反之，则相反。对焊件的尺寸收缩应在下料时预加收缩余量。

8.1.1 焊接变形的基本形式

在焊接过程中，由于不均匀的加热，在焊接区局部产生了热塑性压缩变形，当冷却时焊接区要在纵向和横向收缩，势必导致构件产生局部鼓曲、弯曲、歪曲和扭转等。焊接残余变形包括纵、横向收缩、弯曲变形、角变形和扭曲变形等，如图 8-1 所示。

且通常是几种变形的组合。任一焊接变形超过验收规范的规定时，必须进行校正，以免影响焊件在正常使用条件下的承载能力。

焊接残余变形的基本形式有如下几种：

（1）图 8-1（a）为线性缩短，是钢板对接焊后产生了线性缩短的变形，包括纵向缩短（长度缩短）和横向缩短（宽度变窄）。

（2）图 8-1（b）为面内弯曲变形，是钢板焊接后的沿焊缝平面内的弯曲变形。

（3）图 8-1（c）为角变形，是钢板 V 形坡口对接焊后引起了角变形。

（4）图 8-1（d）为弯曲变形，是丁字梁焊接之后引起的弯曲变形（面变形）。

（5）图 8-1（e）为扭曲变形，是工字梁焊接后引起的扭曲变形（体变形）。

（6）图 8-1（f）为翘曲变形，是薄钢板焊接后的翘曲变形（体变形）。

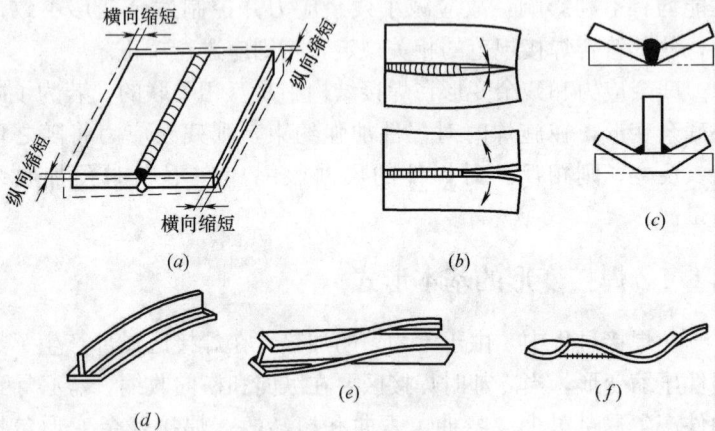

图 8-1　焊接变形的基本形式
（a）线性缩短；（b）面内弯曲变形；（c）角变形；（d）弯曲变形；
（e）扭曲变形；（f）翘曲变形

8.1.2　控制焊接变形的措施

在组装好的构件上施焊，应严格按焊接工艺规定的参数以及焊接顺序进行，以控制焊后构件变形。

1. 反变形措施

控制焊接变形，可采取反变形措施。在焊前进行装配时，为抵消或补偿焊接变形，先将工件向与焊接变形的相反方向进行人为的变形，这种方法叫做反变形法。

图 8-2 为 8～12mm 厚的钢板对接焊反变形法，V 形坡口单面对焊时，如将工件预先反向斜置，焊接后由于焊缝本身的收缩，使焊件恢复到预定的形状和位置。

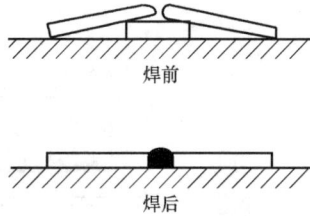
焊前

焊后

图 8-2　8～12mm 厚的钢板对接焊反变形法

2. 利用装配顺序和焊接顺序控制焊接变形

（1）焊接顺序是影响焊件变形的主要因素。为防止焊接构件变形，必须制订合理的焊接顺序。

（2）构件装配焊接时，应先焊收缩量较大的接头，后焊收缩量较小的接头，接头应在小的拘束状态下焊接。

（3）多组件构成的组合构件应采取分部组装焊接，矫正变形后再进行总装焊接。

（4）由中间向两边施焊，刚度大的部件最后焊接。如果焊缝 a 阻碍了焊缝 b 的横向收缩，那么应该先焊焊缝 b，如图 8-3 所示。

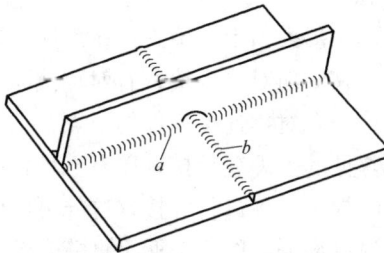

图 8-3　相交焊缝的焊接顺序

a—先焊焊缝；b—后焊焊缝

（5）从构件的工作状态考虑，应先焊拉应力区，后焊剪应力区和压应力区，如图 8-4 所示。

（6）对于大型结构宜采取分部组装焊接、分别矫正变形后再进行总装焊接或连接的施工方法。

149

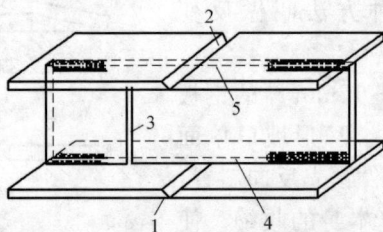

图 8-4 工字梁现场对接的焊接顺序

注：1、2、3、4、5表示焊接顺序

3. 热调整法

在约束焊道上施焊，应连续进行；如因故中断，再焊时应对已焊的焊缝局部做预热处理。

采用多层焊时，应将前一道焊缝表面清理干净后再继续施焊。

在节点形式、焊缝布置、焊接顺序确定的情况下，宜采用熔化极气体保护电弧焊或药芯焊丝自保护电弧焊等能量密度相对较高的焊接方法，并采用较小的热输入。

4. 对称施焊法

对接接头、T形接头和十字接头：在工件放置条件允许或易于翻转的情况下，宜双面对称焊接；有对称截面的构件，宜对称于构件中性轴焊接；有对称连接杆件的节点，宜对称于节点轴线同时对称焊接；常见的平焊缝焊接顺序有五种，如图 8-5 所示。

最好由成对的焊工对称进行焊接，这样可以使由各焊缝所引起的变形相互抵消一部分。图 8-5 所示的拼接板的施焊顺序：先焊短焊缝 1、2，最后焊长焊缝 3，可使各长条板自由收缩后再连成整体。

图 8-6 为圆筒体的环缝焊接，由两名焊工采取对称施焊的焊接顺序。

5. 刚性固定法

对一般构件可定位焊固定同时限制变形；对大型、厚板构件宜

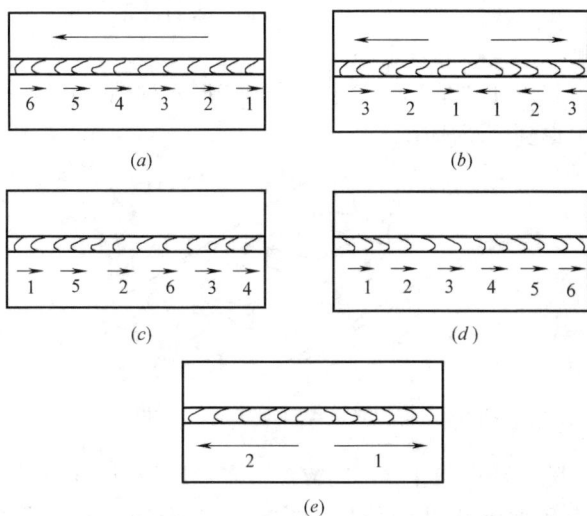

图 8-5　常见的平焊缝焊接顺序
（a）逐步退焊法；（b）分中逐步退焊法；（c）跳焊法；
（d）交替焊法；（e）分中对称焊法

采用刚性固定法增加结构焊接时的刚性。加大刚性的办法有：夹和支撑、专用胎具，临时将焊件点固在刚性平台上，采用压铁等。

图 8-7 是薄板焊接时的刚性固定法。板的四周用定位焊与平台焊牢，在焊接出现波浪形的区域还可用重物压住，这样来强制

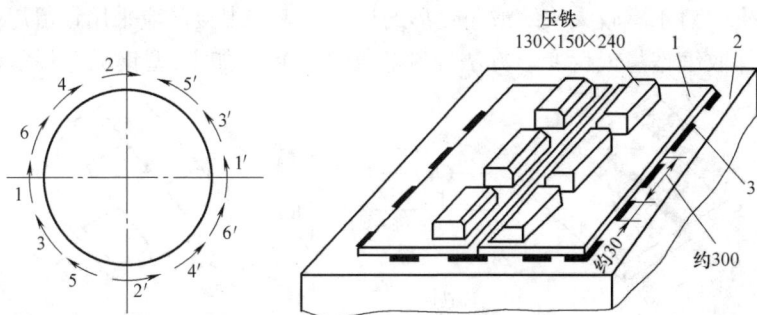

图 8-6　圆筒体对称
焊焊接顺序

图 8-7　薄板拼接用刚性固定法
1—工件；2—平台；3—临时焊缝

151

变形的产生。定位焊缝应在焊件全部冷却后才能去除，若去除过早则影响减小变形的效果。

还可采用加"马"的方法来控制变形，如图 8-8 所示，此法在工厂中得到广泛应用。

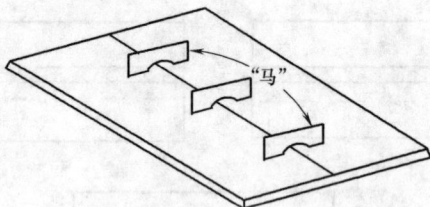

图 8-8　钢板对接焊时加"马"刚性固定

在实际生产中防止变形的方法很多，应用时往往不是单独使用，而是几种方法结合使用，才能获得控制焊接变形的最好效果。

8.1.3　减小焊接残余应力的措施和方法

1. 采用合理的焊接顺序和方向

在焊接工艺上，应选择使焊件易于收缩并可减小残余应力的焊接次序，如分段退焊、分层焊、对角跳焊和分块拼焊，如图 8-9 所示。

对于有较大收缩或角变形的接头，正式焊接前应采用预留焊接收缩裕量或反变形方法控制收缩和变形。如 H 型钢纵向焊缝

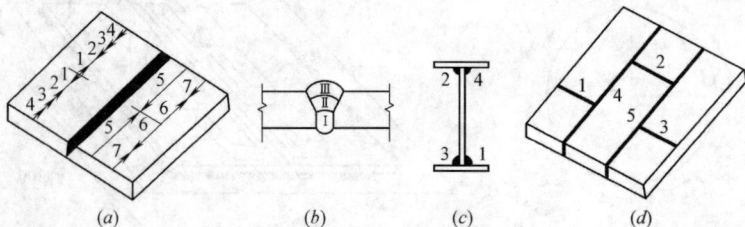

图 8-9　合理的焊接顺序示意图
(a) 分段退焊；(b) 分层焊；(c) 对角跳焊；(d) 分块拼焊

每米长可预留 0.5~0.7mm，每对横筋对应的型钢长度可预留 0.5mm。采用预留周长法补偿圆柱管构件的焊缝纵向及横向收缩变形，如板厚大于 10mm 时，每个纵向及环向焊缝均预留 2.0mm 周长。

2. 焊前预热

通常焊前预热是减少焊件焊接应力的最普遍的方法。预热的目的是使焊接部分的金属和周围基本金属的温差减小，达到焊缝和母材同时冷却收缩的目的，从而可以减少焊缝金属的拉伸，降低焊接内应力。

焊前预热的加热方法、加热宽度、保温要求、测温要求应控制在预热工艺的温度范围内，且符合有关标准的规定和焊接工艺评定的要求。

（1）当焊件温度低于 0℃ 时，所有钢材的焊缝应在起焊处 100mm 范围内预热至 15℃ 以上。

（2）要求焊前预热的焊件，其道间温度应在规定的预热温度范围内。碳钢和低合金钢的最高预热温度和道间温度不宜大于 250℃，奥氏体不锈钢的道间温度不宜大于 150℃，静载结构焊接时，最大道间温度不宜超过 250℃；需进行疲劳验算的动荷载结构和调质钢焊接时，最大道间温度不宜超过 230℃。

（3）焊前预热及道间温度的保持宜采用电加热法、火焰加热法，并应采用专用的测温仪器测量。

（4）焊前预热的加热范围，应以焊缝中心为基准，每侧不应小于焊件厚度的 3 倍，且不小于 100mm。

（5）预热的加热区域应在焊缝坡口两侧，宽度应大于焊件施焊处板厚的 1.5 倍，且不应小于 100mm；预热温度宜在焊件受热面的背面测量，测量点应在离电弧经过前的焊接点各方向不小于 75mm 处；当采用火焰加热器预热时正面测温应在火焰离开后进行。

（6）异种钢焊接时，预热温度应按焊接性能较差或合金成分较高一侧选择。

3. 焊缝的后热处理

（1）对容易产生焊接延迟裂纹的钢材或冷裂纹敏感性较大的低合金钢和拘束度较大的焊件焊后应及时进行焊后热处理，当不能及时进行热处理时，应立即采取后热措施。

（2）后热应在焊接结束时立即对焊缝均匀加热至 250～350℃，保温时间应根据工件板厚按每 25mm 板厚不小于 0.5h，且总保温时间不得小于 1h 确定。达到保温时间后应缓冷至常温。

（3）若焊后立即进行热处理则可不做后热。

4. 焊后热处理

（1）对有应力腐蚀的焊缝，应进行焊后热处理。

（2）现场设备的焊后整体热处理宜采用炉内整体加热、炉内分段加热、炉外整体和分段加热等方法；现场设备分段组焊的环缝、管道焊缝以及焊接返修后的热处理，宜采用局部加热方法。

（3）炉内分段加热时，加热各段重叠部分长度不应少于1500mm。炉外部分的设备应采取防止产生有害温度梯度的保温措施。

（4）采用局部加热热处理时，加热带应包括焊缝、热影响区及其相邻母材。焊缝每侧加热范围不应小于焊缝宽度的 3 倍，加热带以外 100mm 的范围应进行保温。

（5）对易产生焊接延迟裂纹的钢材，焊后应立即进行焊后热处理。当不能立即进行焊后热处理时，应在焊后立即均匀加热至200～350℃，并进行保温缓冷。保温时间应根据后热温度和焊缝金属的厚度确定，不应小于 30mm。其加热范围不应小于焊前预热的范围。

（6）焊件热处理的起始温度不得高于 300℃。焊件热处理结束时，当温度降至 300℃时，应自然冷却。

（7）奥氏体不锈钢复合钢不宜进行焊后热处理。对耐晶间腐蚀要求较高的设备，当基层需要热处理时，宜在热处理后再焊接复层焊缝。

（8）热处理后进行返修或硬度检查超过规定要求的焊缝应重

新进行热处理。

5. 锤击法

用圆头小锤敲击焊缝金属，能促使焊缝金属塑性变形，使焊缝适当地延展，以补偿焊缝的缩短，避免和减少焊接应力及焊接变形。底层和表面焊缝一般不锤击，以免焊缝金属表面冷作硬化；其余各层焊缝焊完一层后立刻锤击，锤击时必须均匀，直至将焊缝表面出现均匀致密的麻点为止。敲击时必须均匀，进行的路径如图 8-10 所示。

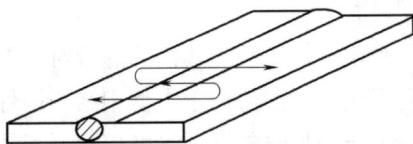

图 8-10　锤击焊缝的路径

6. 施加外力的方法

即把已经焊好的整体结构，根据实际工作情况进行加载，使结构的内应力接近屈服极限，然后卸载，能够达到部分消除焊接残余应力的目的。如容器结构在焊后进行水压试验，能消除部分残余应力。

8.2　构件焊后矫正

焊件的变形超过技术设计允许变形范围，应设法进行矫正，使其达到符合产品质量要求。实践证明，多数变形的焊件是可以矫正的。矫正的方法都是设法造成新的变形来达到抵消已经发生的变形。

在生产过程中普遍应用的矫正方法，主要有手工矫正、机械矫正、火焰矫正和综合矫正。

8.2.1　手工矫正

手工矫正是利用手锤等工具，锤击变形件合适位置使焊件的变形减小。适用于一些薄板、变形小、细长的焊件。如薄板产生的波浪变形、角变形、挠曲变形等。

8.2.2 机械矫正

机械矫正是利用机械力使焊件缩短的部位伸长，产生有益于焊件的变形，使焊件达到技术要求。常用千斤顶、摩擦压力机等。

8.2.3 火焰矫正

火焰矫正是利用气焊炬燃烧放出的热量对变形件的局部进行加热，使之抵消焊接变形。适用于大型钢结构构件。火焰矫正是一门较难操作的工作，加热位置、温度控制不当还会造成构件新的更大变形。常用的结构钢的加热温度一般控制在 600～800℃之间。现场测温一般通过目测加热部位的颜色，大致判断加热部位的温度。

工程实践中常用的焊接变形的火焰矫正方法有以下几种。

1. 点状加热法

加热金属表面时，火焰在局部区域形成圆点，如图 8-11 所示。主要用于薄板产生的波浪变形，加热点直径一般控制在

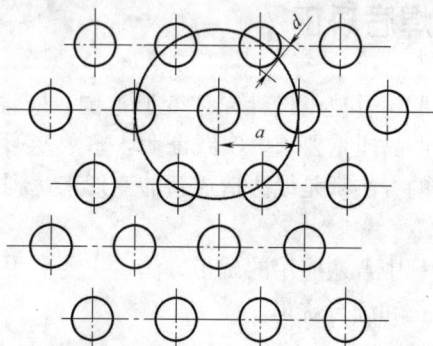

图 8-11　多点加热分布示意
a—加热点间距；*d*—加热点直径

156

15mm 以内，加热点间距 a 控制在 50～100mm 之间。加热点疏密依据变形程度调节。

2. 线状加热法

线状加热时火焰呈直线方向移动，或沿移动方向稍做横向摆动，连续加热金属表面，形成一条宽度不大的线。线状加热可分为直线加热、环形加热和带状加热几种，如图 8-12 所示。

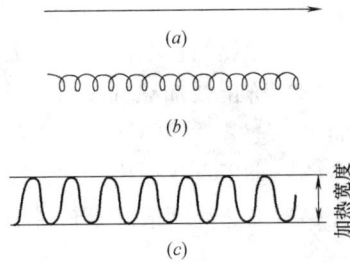

图 8-12　线状加热的三种形式

3. 三角形加热法

加热区域呈三角形称为三角形加热。加热面积上大下小，如图 8-13 所示。其产生的收缩量也是上大下小，适用于构件刚性较大、变形量大的弯曲。

火焰矫正时加热温度不宜过高，过高会引起金属变脆、影响冲击韧性。16Mn 在高温矫正时不可用水冷却，包括厚度或淬硬倾向较大的钢材。

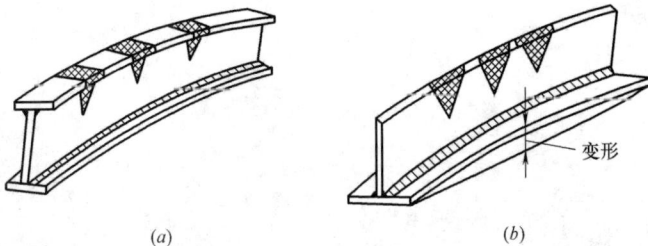

图 8-13　三角形加热

(a) 三角形加热工字梁挠曲变形；(b) 三角形加热 T 形梁挠曲变形

火焰矫正引起的应力与焊接内应力一样都是内应力。不恰当的矫正产生的内应力与焊接内应力和负载应力叠加，会使柱、梁、支撑的纵应力超过允许应力，从而导致承载安全系数的降低。因此在钢结构制造中一定要慎重，尽量采用合理的工艺措施以减少变形，矫正时尽量可能采用机械矫正。构件焊接后的变形，应进行成品矫正，成品矫正一般采用热矫正，加热温度不宜大于 650℃。当不得不采用火焰矫正时应注意以下几点：

（1）加热位置不得在主梁最大应力截面附近。

（2）矫正处加热面积在一个截面上不得过大，要多选几个截面。

（3）宜用点状加热方式，以改善加热区的应力状态。

（4）加热温度最好不超过 700℃。

9 焊后检查及焊接返修

9.1 焊缝外观尺寸检查

除设计文件和焊接工艺文件有特殊要求的焊缝外，焊缝应在焊完后立即去除渣皮、飞溅物，清理干净焊缝表面，并应进行焊缝外观检查。

外观检查是通过对焊接接头直接观察或用低倍放大镜和焊接检验尺等工具检查焊缝外形尺寸和表面缺陷的检验方法。

9.1.1 外观检查的内容

外观检查的内容包括焊缝外形尺寸是否符合设计要求，焊缝外形是否平整，焊缝与母材过渡是否平滑等；检查的表面缺陷有裂纹、焊瘤、烧穿、未焊透、咬边、气孔等。并应特别注意弧坑是否填满，有无弧坑裂纹等。

对于有可能发生延迟裂纹的钢材，除焊后检查外，隔一定时间还要进行复查。通过外观检查，可以判断焊接规范和工艺是否合理，并能估计焊缝内部可能产生的缺陷。

9.1.2 焊接检验尺的使用

焊接检验尺分为游标焊接检验尺和数显焊接检验尺两种类别，用于对焊缝宽度、高度、焊接间隙及坡口角度等尺寸读数的测量，其常见型式分为Ⅰ、Ⅱ、Ⅲ、Ⅳ、Ⅴ、Ⅵ等六种。现以Ⅰ、Ⅱ型焊接检验尺为例，介绍其主要使用方法。

（1）作直尺用：主尺边缘有 0~40mm 刻度，如图 9-1 所示。主尺有刻度的一面贴紧工件被测面，不可倾斜，被测值可直接读出。

（2）测量角焊缝高度：以主尺的 90°角处为测量基面，在活动尺的配合下进行测量，活动尺上短线条对准的主尺部分的刻度尺，即为所测值。测量角焊缝高度，如图 9-2 所示。

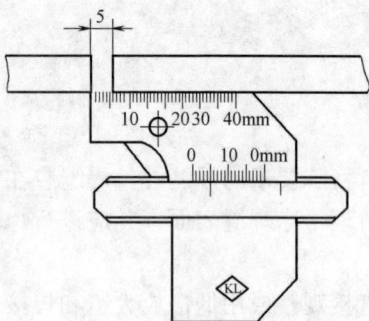

图 9-1　作直尺用（Ⅱ型）　　图 9-2　测量焊缝高度示意图（Ⅱ型）

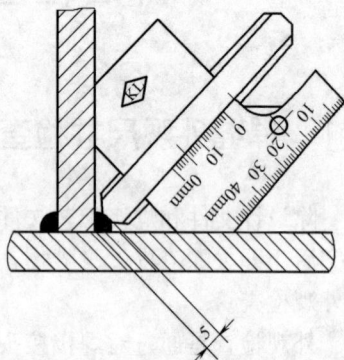

（3）测量坡口角度：主尺背面下部有 0°～75°刻度与测角尺相配合，可测量型钢、板材及管口坡度角度，测量型钢、板材坡口角度示意，如图 9-3 所示。测量管道坡口角度示意，如图 9-4 所示。

（4）测量错边量：主尺背面有刻度与测角尺配合，可测量型钢板材及管道错边量，测量型钢、板材错边量，如图 9-5 所示。

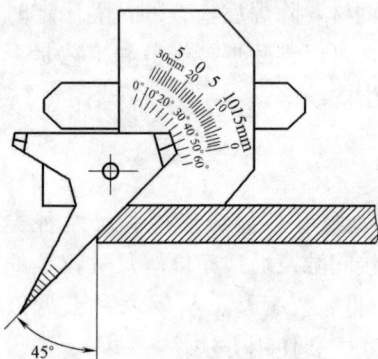

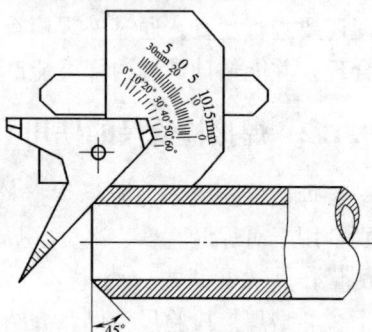

图 9-3　测量型钢、板材坡口角度　　图 9-4　测量管道坡口角度（Ⅱ型）
　　　　　（Ⅱ型）

测量管道错边量，如图 9-6 所示。

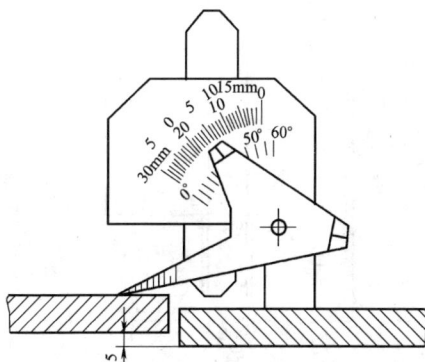

图 9-5　测量型钢、板材错边量（Ⅱ型）

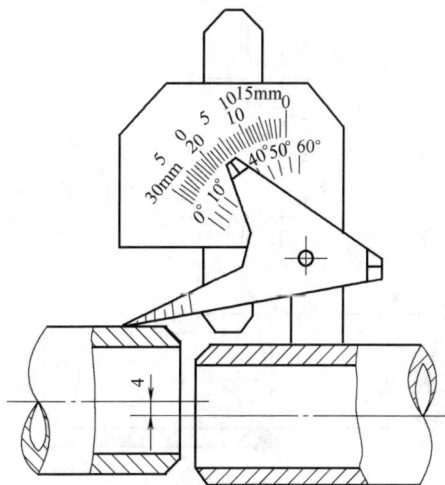

图 9-6　测量管道错边量（Ⅱ型）

（5）测量焊缝余高：主要测量型钢、板材及管道焊缝余高，测量型钢、板材焊缝余高，如图 9-7 所示。测量管道焊缝余高，如图 9-8 所示。

（6）测量对口间隙：测角尺正面尖角有几条刻线，用于测量

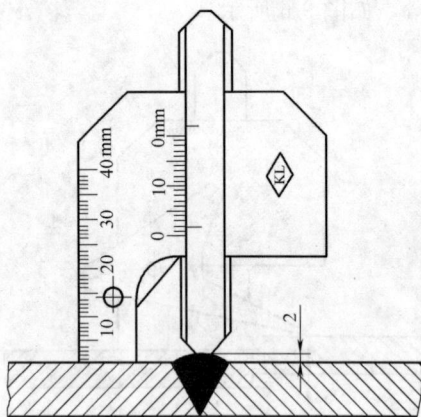

图 9-7 测量型钢、板材焊缝余高（Ⅱ型）

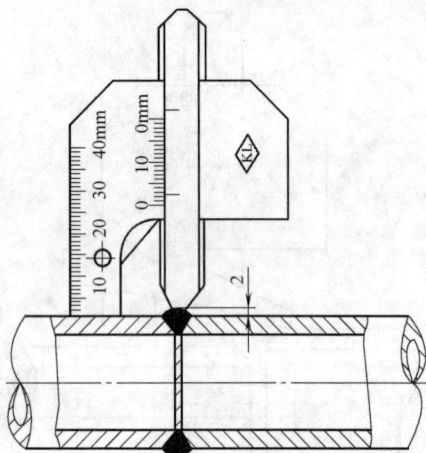

图 9-8 测量管道焊缝余高（Ⅱ型）

型钢、板材、管道焊接对口间隙。测量型钢板材对口间隙，如图 9-9 所示。将测角尺直边贴紧间隙一边。若对准第一条间隙为 1mm；对准第二条线间隙为 1.5mm；依此类推，条格递增 0.5mm，直至 5mm，如图 9-10 所示。

（7）测量焊缝宽度：主要测量型钢、板材及管道焊缝宽度，

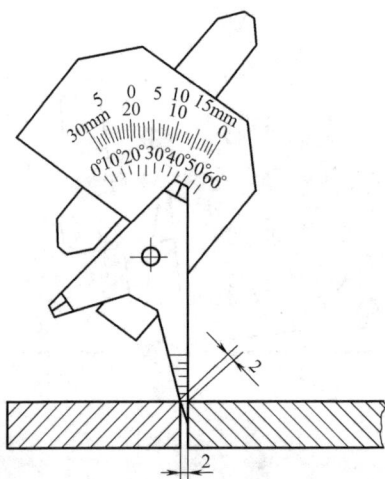

图 9-9　测量钢板材对口间隙示意图（Ⅱ型）

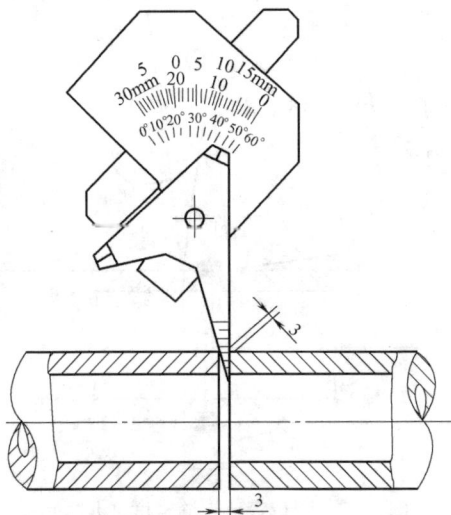

图 9-10　测量管道对口间隙（Ⅱ型）

如图 9-11 所示。以主尺的棱边为测量基面，在测量尺配合下进行测量，测量尺刻线对准主尺刻度值部分，即为所测值。测量管道焊缝宽度，如图 9-12 所示。

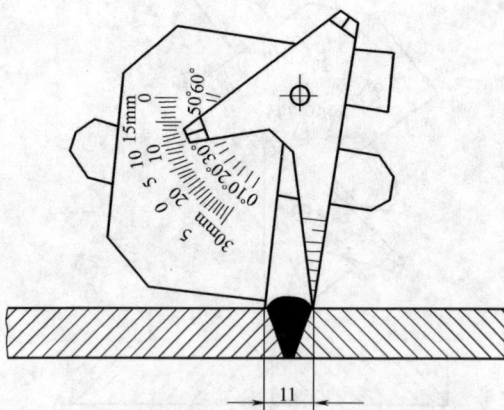

图 9-11　测量型钢、板材焊缝宽度（Ⅱ型）

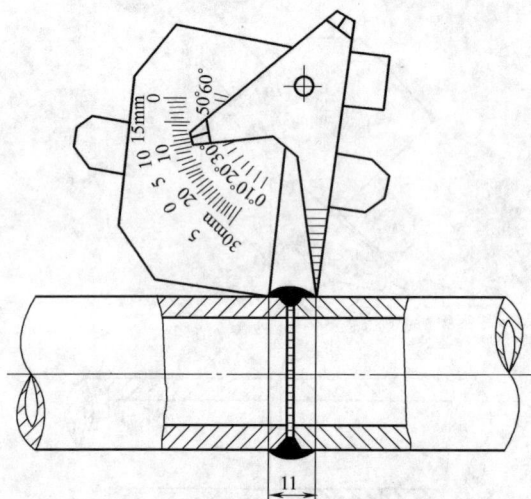

图 9-12　测量管道焊缝宽度（Ⅱ型）

（8）测量平直度：主要测量型钢、板材及管道的平直度，如图 9-13 所示。以主尺一端测量基面，在测角尺的配合下进行测量，测角尺刻线对准主尺部分刻度值，即为所测值。

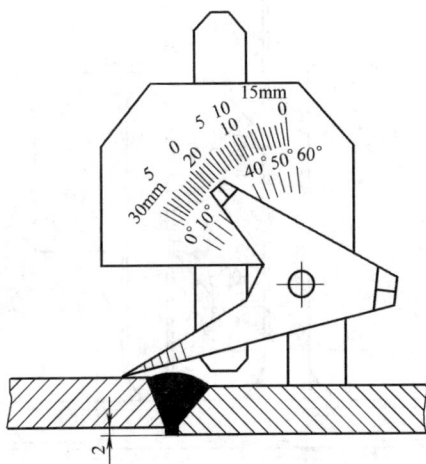

图 9-13　测量型钢、板材平直度（Ⅱ型）

（9）测量对接组焊 X 形坡口角度及宽度，如图 9-14 所示。

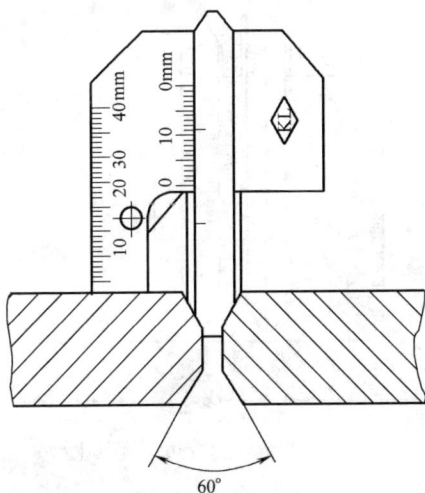

图 9-14　测量对接组焊 X 形坡口角度（Ⅱ型）

（10）测量焊脚尺寸，如图 9-15 所示。

（11）测量焊缝咬边深度，如图 9-16 所示。

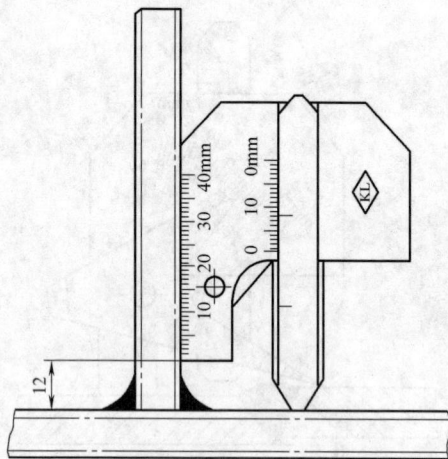

图 9-15   测量焊脚尺寸（Ⅱ型）

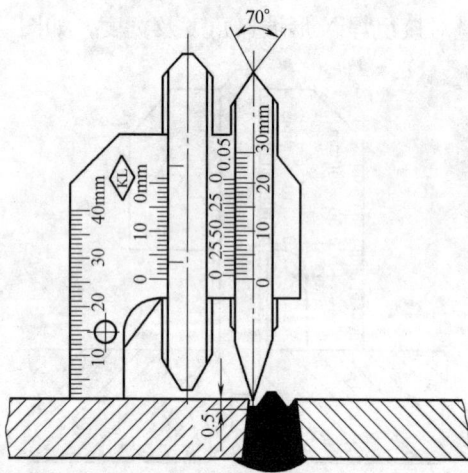

图 9-16   测量焊缝咬边深度（Ⅰ型）

9.2   焊缝表面缺陷的检查

焊接缺欠指焊接过程中在焊接接头中产生金属的不连续、不致密和连接不良的现象。超过规定限值的焊接缺欠称为焊接缺陷。

评定焊接接头质量的最重要技术指标是焊接接头的性能和焊接缺陷的容限尺寸。由于焊接过程中操作不当或焊前准备，焊接环境及工艺条件不能满足质量控制要求，容易产生焊接缺陷，根据焊接缺陷在焊接接头中的位置，焊接缺陷可分为内部缺陷和外部缺陷。

外部缺陷位于焊接接头的表面，用肉眼或低倍放大镜、焊接检验尺等工具可以观察、检测出来，例如焊缝尺寸偏差、焊瘤、咬边、弧坑及表面气孔、裂纹等。内部缺陷位于焊接接头的内部，通常必须借助检测仪器或破坏性试验才能发现，例如未焊透、未熔合、气孔、裂纹及夹渣等。

9.2.1　常见电弧焊焊缝外部缺陷的防治措施

1. 热裂纹的防止措施

（1）清理焊丝表面和坡口及其两侧母材上的油、锈和污物，防止杂质熔入焊缝。

（2）限制母材中 S、P 等杂质的含量，适当提高 Mn/S 的比值和降低碳含量或选碳含量的下限值。

（3）调节焊缝金属化学成分，选用适当地与母材匹配的焊接材料，改善焊缝组织、细化焊缝晶粒，以提高塑性和减少或分散偏析程度，控制低熔点共晶的影响。

（4）调整工艺参数，减少母材的熔合比；控制焊缝的成形系数，采用多层多道焊，采用较低的线能量以防止过热，必要时还应适当预热。

（5）降低拘束度，考虑焊接次序，采取分段焊和各种降低焊接应力的工艺措施。

2. 冷裂纹的防止措施

（1）彻底清除坡口及母材两侧的油、锈、污物、水分等，以减少氢和杂质的来源。

（2）采取预热和后热，以降低焊接接头的冷却速度，减缓淬硬倾向，同时有利于焊缝金属氢的逸出。

（3）采用碱性低氢型焊条或焊剂，并按规定要求进行烘干，随用随取，特别是高强钢或合金元素较多的钢材，宜选用低氢或超低氢的焊材。

（4）采取焊后热处理以消除残余应力，改善焊接接头的韧性；当不能及时热处理时，焊后立即进行消氢处理，使氢充分逸出焊缝。

3. 咬边的防止措施

选择合适的电流、电弧长度，运条角度要正确，焊条摆动时在坡口边缘稍作停留，而中间略快一些，盖面层焊道应压低电弧，填满坡口边缘。

9.2.2 常见埋弧焊焊缝外部缺陷的防治措施

常见埋弧焊焊缝外部缺陷的防治措施，见表9-1。

常见埋弧焊焊缝外部缺陷的防治措施　　　　表 9-1

缺陷	原因分析	防治措施
宽度不均匀	（1）焊接速度不均匀； （2）焊丝给送速度不均匀； （3）焊丝导电不良	（1）找出原因排除故障； （2）更换导电嘴衬套（导电块）； （3）酌情部分用手工焊补焊修整并磨光
堆积高度过大	（1）电流过大而电压过低； （2）上坡焊时倾角过大； （3）环缝焊接位置不当（相对于焊件的直径和焊接速度）	（1）调节范围； （2）调整上坡焊倾角； （3）相对于一定的焊件直径和焊接速度，确定适当地焊接位置；去除表面多余部分，并打磨圆滑
焊缝金属满溢	（1）焊接速度过慢； （2）电压过大； （3）下坡焊时倾角过大； （4）环缝焊接位置不当； （5）焊接时前部焊剂过少； （6）焊丝向前弯曲	（1）调节焊速； （2）调节电压； （3）调整下坡焊倾角； （4）相对于一定的焊件直径和焊接速度，确定适当地焊接位置； （5）调整焊剂覆盖状况； （6）调节焊丝矫直部分，去除后适当刨槽并重新覆盖

缺陷	原因分析	防治措施
中间凸起而两边凹陷	(1)药粉圈过低并有粘渣,焊接时; (2)熔渣被粘渣拖压	(1)提高药粉圈,使焊剂覆盖高度达 30～40mm; (2)提高药粉圈,去除粘渣; (3)适当补焊或去除重焊
咬边	(1)焊丝位置或角度不正确; (2)焊接规范不当	(1)调整焊丝; (2)调节规范,去除夹渣补焊
裂纹	(1)焊丝和焊剂匹配不当(母材中含碳量高时,熔敷金属中的合金元素减少); (2)熔池金属急剧冷却,热影响区硬化; (3)多层焊的第一层裂纹由于焊道收缩应力而造成; (4)沸腾钢产生热裂纹; (5)不正确焊接施工,接头拘束大; (6)焊道形状不当,焊道高度比焊道宽度大(梨形焊道的收缩产生的裂纹); (7)焊后未进行热处理或冷却方法不当	(1)焊丝和焊剂正确匹配,母材含碳量高时要预热; (2)焊接电流增加,减小焊接速度,母材预热; (3)第一层焊道的数目要多; (4)选用合适的焊丝和焊剂组合; (5)注意施工顺序和方法; (6)焊道宽度和深度几乎相当,降低焊接电流,提高电压; (7)进行正确的焊后热处理

9.3 焊接返修

9.3.1 焊缝返修要求

焊缝金属和母材的缺欠超过相应的质量验收标准时,可采用砂轮打磨、碳弧气刨、铲凿或机械加工等方法彻底清除。对焊缝进行返修,应按下列要求进行:

(1) 返修前,应清除待焊区域两侧各 50mm 范围内的灰尘、铁锈、油漆和其他杂物。

(2) 焊瘤、凸起或余高过大，应采用砂轮或碳弧气刨清除过量的焊缝金属。

(3) 焊缝凹陷或弧坑、焊缝尺寸不足、咬边、未熔合、焊缝气孔或夹渣等应在完全清除缺陷后进行焊补。

(4) 焊缝或母材的裂纹应采用磁粉、渗透或其他无损检测方法确定裂纹的范围及深度，用砂轮打磨或碳弧气刨清除裂纹及其两端各 50mm 长的完好焊缝或母材，修整表面或磨除气刨渗碳层后，应采用渗透或磁粉探伤方法确定裂纹是否彻底清除，再重新进行焊补；对于拘束度较大的焊接接头的裂纹用碳弧气刨清除前，宜在裂纹两端钻止裂孔。

(5) 用于补强或加固的零件及焊缝宜对称布置。加固焊缝不宜密集、交叉布置，不宜与受力方向垂直。在高应力区和应力集中处，不宜布置加固焊缝。

(6) 补焊部位应开挖宽度均匀、表面平整，便于施焊的凹槽，且两端应有一定坡度。

(7) 焊接返修的预热温度应比相同条件下正常焊接的预热温度提高 30%～50%，并应采用低氢焊接材料和焊接方法进行焊接。

(8) 返修部位应连续焊接。如中断焊接时，应采取后热、保温措施，防止产生裂纹；厚板返修焊宜采用消氢处理。

(9) 焊接裂纹的返修，应由焊接技术人员对裂纹产生的原因进行调查和分析，制定专门的返修工艺方案后进行。

(10) 同一部位两次返修后仍不合格时，应重新制定返修方案。

9.3.2 返修和补焊方法

对一般缺损，可按下列方法进行焊接返修和补焊：

(1) 当缺损为裂纹时，应精确查明裂纹的起止点，在起止点钻直径为 12～16mm 的止裂孔，其位置如图 9-17 所示。并根据具体情况采用下列方法修补：

1）补焊法：用碳弧气刨或其他方法清除裂纹并加工成侧边大于 10°的坡口，当采用碳弧气刨加工坡口时，应磨掉渗碳层。应采用低氢型焊条按全焊透对接焊缝的要求进行补焊。补焊前宜将焊接处预热至 100～150℃。对承受动荷载的结构尚应将补焊焊缝的表面磨平。

2）双面盖板补强法：补强盖板及其连接焊缝应与构件的开裂截面等强，并应采取适当地焊接顺序，以减少焊接残余应力和焊接变形。

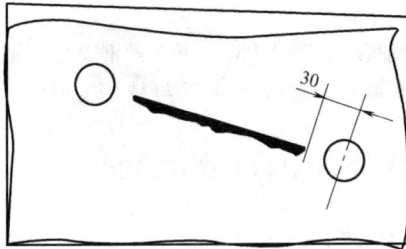

图 9-17　裂缝两端的钻孔位置

（2）对孔洞类缺损的修补：应将孔边修整后采用两面加盖板的方法补强。

（3）当构件的变形不影响其承载能力或正常使用时，可不进行处理；否则应根据变形的大小采用下列方法处理：

1）当变形不大时，应先处理构件的其他缺陷，然后在部分卸载的情况下，宜采用冷加工法矫正；若采用热加工矫正时，其加热温度对调质钢应不大于 590℃，对其他钢种应不大于 650℃。钢材的加热温度高于 315℃时，应在空气中自然冷却，禁止用浇水等方法加速冷却。

2）当变形较大，且难以矫正时，应采取加固措施或更换构件。

参 考 文 献

[1] 建筑施工手册（第五版）编写组. 建筑施工手册（第5版）[M]. 北京：中国建筑工业出版社，2012.

[2] 赵景德. 从零开始学电气焊技术 [M]. 北京：国防工业出版社，2009.

[3] 邱言龙，聂正斌，雷振国. 等离子弧焊与切割技术快速入门 [M]. 上海：上海科学技术出版社，2011.

[4] 邱言龙，雷振国，聂正斌. 焊条电弧焊技术快速入门 [M]. 上海：上海科学技术出版社，2011.

[5] 张仁英，张鹏程. 电焊工 [M]. 重庆：重庆大学出版社，2010.

[6] 高忠民，金风柱. 电焊工入门与技巧 [M]. 北京：金盾出版社，2005.

[7] 张亚军，张昊. 钢结构加工焊接工艺与图解 [M]. 北京：化学工业出版社，2013.

[8] 杜国华. 焊工简明手册 [M]. 北京：机械工业出版社，2013.

[9] 张士湘. 焊工 [M]. 北京：中国劳动社会保障出版社，2002.

[10] 高忠民. 实用焊工技术 [M]. 北京：金盾出版社，2004.

[11] 姜学成，姜宇峰，王景文. 图解钢结构焊接 [M]. 南京：江苏科学技术出版社，2013.

[12] 张云燕. 电焊工操作技术要领图解 [M]. 济南：山东科学技术出版社，2004.

[13] 刘云龙. 焊工（初级）[M]. 北京：机械工业出版社，2006.

[14] 机械工业部. 电焊工操作技能与考核 [M]. 北京：机械工业出版社，1995.

[15] 王长忠. 高级焊工技能训练 [M]. 北京：中国劳动社会保障出版社，2006.